U0586299

趣味发明与实践

QUWEIFAMINGYUSHIJIAN

能验证的科学

NENGYANZHENGDEKEXUE

刘勃含◎编著

中国出版集团

现代出版社

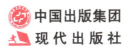

图书在版编目（CIP）数据

能验证的科学／刘勃含编著．—北京：现代出版社，2012.12 （2024.12重印）
ISBN 978 - 7 - 5143 - 1070 - 2

Ⅰ.①能… Ⅱ.①刘… Ⅲ.①科学实验 - 青年读物
②科学实验 - 少年读物 Ⅳ.①N33 - 49

中国版本图书馆 CIP 数据核字（2012）第293062号

能验证的科学

编　　著	刘勃含
责任编辑	刘春荣
出版发行	现代出版社
地　　址	北京市朝阳区安外安华里 504 号
邮政编码	100011
电　　话	010 - 64267325　010 - 64245264（兼传真）
网　　址	www. xdcbs. com
电子信箱	xiandai@ cnpitc. com. cn
印　　刷	唐山富达印务有限公司
开　　本	710mm ×1000mm　1/16
印　　张	12
版　　次	2013 年 1 月第 1 版　2024 年 12 月第 4 次印刷
书　　号	ISBN 978 - 7 - 5143 - 1070 - 2
定　　价	57.00 元

前 言

　　历史上的科学家无一不是动手动脑的能手，这样的例子数不胜数。为培养青少年对科学的兴趣和动手进行科学实验的能力，特地编写了这本书。

　　我们从身边日常生活的所见所闻入手，选择趣味性强，又极易操作的科学小实验；分学科、分步骤地精心编写成册。内容丰富精彩，语言通俗自然，叙述流畅平实。这里介绍的科学小实验中，大多使用的用具和材料都是日常生活用品和弃用物品，易找易做。由于操作简单，实验工具就在身边，这些科学小实验深受青少年朋友的喜爱。通过这些小实验不仅让青少年朋友在实验的过程中发现问题、探索问题，更重要的是通过小实验，了解其中的现象和知识，从而激发青少年朋友对科学的兴趣和求知欲望，锻炼他们的独立思考能力和创新能力。

　　今天的科技发展日新月异，科技成果层出不穷。作为 21 世纪的主人，我们从小要养成爱科学、爱实验、勤学习、勤思考的习惯，遇到不懂的事情就要努力去实验、去探索，提高观察能力、想象能力和归纳推理能力。我们知道，小实验虽然简单，可每一个小实验的背后都有着丰富的科学内涵和深刻道理。

　　愿书中的小实验，能够启迪广大青少年朋友的聪明才智，抛砖引玉地传授科学知识，拓展科技视野，掌握科学本领，力争攀登世界科学高峰。

目 录

知识性小实验

验证性小实验

探索性小实验

创新性小实验

知识性小实验

知识性小实验是青少年动手动脑的一种主动学习，是获取知识并得以运用的一种必要方法，不仅可以教给青少年有关的学科知识，而且培养了他们的观察能力和探究科学的能力。这种小实验取材简单，趣味性强，很容易操作，从中获得的好处不容小觑。

光学知识小实验

一、分解太阳光

太阳光是白色的吗？当然不是，那么它是由什么光组成的呢？做完下面的实验你就知道了。

实验材料和用具：平面镜、水盆。

实验步骤：

将一只平面镜，放在盛有水的水盆中。

将水盆放在太阳光能照射到的地方平面镜就会将太阳光反射出来，让射出的太阳光照射到白墙上，你会看

到墙上有一条七色彩光带，漂亮极了，这就是太阳光的颜色。

这个实验说明：白光是由许多不同颜色、不同波长的光构成的。水在这里相当于一个棱镜，不同波长的光，在水中的折射率不同，所以白光从水中射出来的时候，就被分解成各种颜色的光了。

二、照片不见了

实验材料和用具：1 寸照片、透明的玻璃杯、能盖住杯口的碟子。

实验步骤：

在桌上放一张 1 寸照片，再把盛满水的玻璃杯放在照片上，在杯上盖一只碟子。这时候你围绕杯子从任何一面看，都看不见照片了。照片真的失踪了吗？没有，照片还在杯子底下。这是因为照片反射的光经过玻璃杯底进入水里的时候，发生了折射；折射光线射向玻璃杯的侧壁，因而发生了全反射，反射的光线又折回水中，从杯口射出，所以从杯子的四周看不到照片，只有从杯口向下看，才可以看到杯底的照片。但是杯口被碟子挡住了。

三、鱼往哪里游

实验材料和用具：透明的玻璃瓶、画片。

实验步骤：

在一只透明的玻璃瓶里盛满水，把一张绘有大鲨鱼的画片放在玻璃瓶后面。你把画片一会儿贴近瓶子，一会儿又远离瓶子，就会看到鲨鱼游动的方向改变了：一会儿向左，一会儿向右。

这里盛满水的玻璃瓶相当于一个凸透镜，我们就是运用凸透镜的成像原理改变了鲨鱼游动的方向。

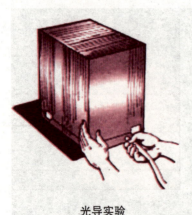

光导实验

四、光导实验

实验材料和用具：纸盒、墨汁、黑纸、实心透明的软型塑料杆、手电筒。

实验步骤：

1. 取一只大的长方形纸盒，拿掉盒盖。用墨汁将盒子里面涂黑，并把纸盒晾干。然后，用黑纸粘贴在纸盒的周围，形成高高的边，在盒的一侧扎一个洞，穿入一条实心透明的软塑料圆杆，并将圆杆的一头留在外面。

接着，用一团橡皮泥粘在伸出盒外的圆杆的周围，不让其漏光。

2. 把盒子移入黑暗的房间里，将手电筒灯光照在透明杆的一头，看看盒子里面，很有意思，整条圆杆都在发光，连弯曲部位也照样发光。

我们都知道通常光是沿直线传播的，但是上面的实验表明，光在弯曲的透明杆里也能传播。你能说说，这是为什么吗？

五、弯曲光线

实验材料和用具：糖块、玻璃容器、激光指示笔。

实验步骤：

把糖块放到盛有很多水的玻璃容器中，不加搅拌，用激光指示笔发出一股很细的强光束水平地射入容器后，被折向容器底，而后又从底面反射向上，不断地弯曲，最后又水平地射出容器侧壁。

光向来都是直线传播的，为什么会弯曲呢？

原来，糖块放入水里后，一时来不及溶化。容器底部的糖水积得最多，折射率的改变自然也最大。这样，就造成深度不同折射率不等的情况。细光束进入容器后，据折射定律可知，光线偏折向下。由于折射率随深度变大，故而越往下，光线弯曲得越厉害。当光线抵达底部后，又被反射向上，再次不断地被弯曲，但是弯曲得越来越慢。

大家动手试一试，这个实验很简单，怪有趣的，不是吗？

六、奇怪的酒杯

实验材料和用具：高脚细酒杯、1寸小照片、与小照片大小相似的凸透镜片。

实验步骤：

1. 拿一个高脚的细酒杯。取出一张1寸小照片，剪去边角放入杯中。再找一个与照片大小差不多的凸透镜片，也放入酒杯中。

2. 凸透镜凸面朝上，照片有人像那一面也朝上。这时，你端起酒杯，会发现杯底里的照片没有了。（只有凸透镜，看不到照片。）请问，这是为什么？

3. 用一个透明塑料袋装水，放入酒杯中，再往杯底看。这时，你将看到照片上的人像。请问这又是为什么？塑料袋只是为了防止水把照片浸湿，亦可不用。

利用光学原理，请你破解上述杯中之谜。

原来酒杯里的凸透镜焦距很短，只有4毫米，把照片放在4毫米稍远的地方，通过透镜看不到这张照片。

这是因为通过透镜看照片，照片与透镜的距离必须比焦距短，才能看到放大的虚像。在这个酒杯里，照片与透镜的距离比焦距长，就看不到照片的像了。

酒杯里倒进水或酒以后，水或酒与凸透镜形成了一个凹透镜。这样，酒杯里就有了两个透镜，一个是玻璃凸透镜，一个是水或酒形成的凹透镜。这两个透镜组成新的凸透镜，焦距拉长了，比如说达到 5～6 毫米，这时，通过透镜就看到了照片。

七、"烧杯烟雾" 光学试验

在物理课上我们学习了光学透镜的知识，但是你真的知道光线通过透镜后发生了什么变化吗？下面的"烧杯烟雾"光学试验会让你看到立体的光束，也就不难理解透镜对光的折射作用了。这个实验不需要复杂昂贵的设备，效果却相当好。

实验材料和用具：直径相同的凹透镜、凸透镜各一个，小玻璃片，手电筒，蚊香，打火机，大烧杯；另外要用硬卡纸自制一块圆板，其直径大于烧杯的口径，中央挖一个略小于凹、凸透镜的圆孔，可盖在烧杯上。

实验步骤：

观察立体光束

1. 将烧杯倒置在点燃的蚊香上，使杯中充满烟雾。

2. 把烧杯放在桌上，盖上圆板，中央孔洞盖上小玻璃片。

3. 用手电筒做光源，从孔中向下照射，调节手电筒聚光，使烟雾中的光束上下粗细均匀。

4. 用凸透镜取代小玻璃片，盖在孔上，仍将手电光垂直照入，可以看到光线经凸透镜会聚后呈现圆锥体光束。

5. 换用凹透镜后继续观察。

是不是很清楚地看到了光路呢？好好研究一下吧。

NENG YANZHENG DE KEXUE

光的折射

　　光从一种透明介质斜射入另一种透明介质时，传播方向发生偏折，这种现象叫光的折射。

　　光的折射与光的反射一样都是发生在两种介质的交界处，只是反射光返回原介质中，而折射光则进入到另一种介质中，由于光在两种不同的物质里传播速度不同，故在两种介质的交界处传播方向发生变化，这就是光的折射。需要注意的是，在两种介质的交界处，既发生折射，同时也发生反射。反射光光速与入射光相同，折射光光速与入射光不同。

　　光线通过两介质的界面折射时，确定入射光线与折射光线传播方向间关系的定律，是几何光学的基本定律之一。入射光线与通过入射点的界面法线所构成的平面称为入射面，入射光线和折射光线与法线的夹角分别称为入射角和折射角。

光的颜色

　　大家最熟悉的光，当数无处不在的太阳光了，是它给了我们光明和温暖，可是要叫你形容一下它的样子，会是怎样？晴朗天气里是无色的，是白光；雨后天晴时，是七彩颜色的；太阳光会变色？事实不是这样的，在任何时候太阳光都是有颜色的，可见光谱里根本没有白光这一波段，它之所以呈现无色是红、橙、黄、绿、蓝、靛、紫这七种颜色的光叠加的结果。要证明这一点很简单，由于七种颜色的光的频率不同，相对玻璃的折射率不同，拿一个棱柱形的玻璃放在阳光下就会看到类似彩虹的七彩光，可继续使之通过另一个棱柱，这七彩光又会合成一线白光。受此启发人们找到了制造彩光的方法。

　　不同颜色光的叠加：既然七种不同颜色的光叠加可以合成白光，那么其中的几种叠加会产生什么样的结果呢？不妨让我们做这样一个实验，取三个手电筒，分别用红色、绿色和蓝色的彩纸遮住，来到一个黑暗的房间，让三柱光束相互叠加，便会发现红光和蓝光叠加会呈现红紫色，红光和绿光叠加会显示黄色，绿光和蓝光叠加会显示青色。而黄色和蓝色，红紫色和绿色，青色和红色分别叠加都会得到白光。

　　吸收特定频率的光：人们之所以看到某个物体的存在是由于该物体将光折射入人眼，并被其感受的结果，因此我们可以通过某些方法在物体折射光的时候，使之吸收某些特定频率的光，这样到达人眼的只剩下了白光中的一部分，它们相互叠加就会显示出不同的颜色。油漆和染料就是利用这个道理，吸收某些频率的光，使物体在人眼中呈现不同的颜色。还有，绿叶之所以呈现绿色也是由于叶片内的叶绿素能够吸收阳光中的蓝光和红光的结果。

　　为了更好地理解这种方法，我们可以取一个黄色的香蕉和一个被蓝色彩纸遮盖的手电筒，然后进入一间黑暗的房间，将手电筒照在香蕉上，会看到什么？一个诱人的香蕉，不！你什么也看不见，因为香蕉皮可以吸收蓝色光，黑屋子里又没有其他光源，所以香蕉没有反射任何光进入你的眼睛，除了一束蓝色光柱，什么都看不见。再进一步验证紫红色、青色和黄色三种颜料，会发现将黄色和紫红色调和在一起会得到红色，青色和黄色调在一起会显绿色，青色和紫红色调在一起显蓝色，这是部分频率的可见光被颜料吸收的结果。而将黄色和蓝色，红色和青色，紫红色和绿色分别调和都会得到黑色，此时所有可见光都被吸收掉。

　　说到此细心的青少年可能会发现，这个结果与我们美术老师所讲述的颜色调和的知识矛盾，老师告诉我们用蜡笔将黄色和蓝色画到一起会得到绿色，而不是上文所说的黑色，谁说得对呢？其实二者都对，差别在颜料的吸收能力上，平时所使用的蜡笔等颜料都不是很好的吸收剂，它们不能吸收掉所有的其他颜色（频率）的光，例如黄色的蜡笔只能吸收蓝色和紫色，而反射红色、橙色和黄色；蓝色蜡笔也只吸收红色、橙色和黄色，反射蓝色、紫色和绿色，所以用蜡笔将蓝色和黄色画到一起，会呈现绿色而不是黑色。

声学知识小实验

一、声波悬浮小球

　　声音不仅能被听到，也是具有力量的，能够让小球浮起来。怎么，你不相信？现在就教你用塑料薄膜、饮料瓶等材料，自制这个简易实验装置，看看有趣的声悬浮小实验。

实验材料和用具：饮料瓶。

实验步骤：

装置实验制作：取一个饮料瓶，对半截开，取上半截，在瓶盖中心钻一个直径约4mm的小圆孔，盖在瓶口上旋紧。取一张塑料薄膜包住半截瓶的另一端，用橡皮筋箍紧。再取一张较厚的透明塑料纸，卷成一个内径约9mm、长约240mm的塑料管，在接头处用胶带粘牢，防止松散；把塑料管的一端剪成十字开口，将剪开的部分向外弯折，然后将这端与瓶盖的小孔相对，用胶带粘牢。再取一块泡沫塑料，用剪刀剪成一个直径比塑料管内径略小的小球，放在塑料管里，实验装置就做成了。

声悬浮小实验图

左手握住半截瓶的瓶脖处，让塑料管向上；用右手食指连续快击瓶下端的塑料薄膜，小球就在塑料管里悬浮起来。

原来，手击薄膜所产生的声波引起了瓶内空气的振动，这个振动作用在小球上，就使小球不停地浮起。怎么样？信了吧！

二、空瓶共鸣

实验材料和用具：空瓶。

实验步骤：

取两只相同的空瓶，一个人对着一只瓶子的瓶口吹气，瓶子就能发出一个清晰的声音。在这同时，在相距两米远的地方，另一个人把另一只空瓶放在耳边，就能够听到从这个瓶子里也发出了一个相同的声音。

其实，每一个物体都有自己的自然振动频率，是由物体的物质、形状、大小决定的。如果两个物体具有相同的自然振动频率，当一个物体振动的时候，另一个物体也产生振动，发出声音来。这种发声体的共振，叫做共鸣。上面说的就是两个空瓶共鸣。

三、响度能放大吗

实验材料和用具：勺子、叉子。

实验步骤：

1. 用饭勺撞击吃西餐用的叉子，听听它们发出的声音。反复几次，记住音响的大小。

2. 将敲击过的叉子，立即直立地放在桌上，让叉子柄与桌面紧贴着。

你会发现，放在桌子上以后声音比原来响多了。这是因为，当叉子接触桌面时，使桌面也产生了振动。通常，振动表面积越大，声音越响。桌面振动，能放大音叉发声的响度，这也就是许多乐器有木制的音板或音箱的缘故。

四、爆米花的集体舞蹈

这是一个关于声学的实验，很有趣。

实验材料和用具：衣架、细线、橡皮筋、爆米花。

实验步骤：

1. 在衣架上系十来条细线，间隔约 5 毫米，在每根线的另一端拴一粒爆米花，把衣架挂起来。

2. 找一根弹性较好的橡皮筋，用嘴咬住一端，用左手拉紧另一端，靠近爆米花的下部，用右手指去拨动橡皮筋。由于橡皮筋的中部振动最强，所以中间的一些爆米花首先摆起来。橡皮筋振动得越剧烈，爆米花摆动越大；橡皮筋停止振动，爆米花也就停止摆动。

由于橡皮筋振动，引起周围空气的振动，就使爆米花摆动起来。这个实验也可以用来说明声音是怎样传播的，若这种振动的频率在 20～20000 赫兹之间，传到人耳的鼓膜上，就听到了声音。

五、让骨骼听音乐

这个标题有点怪，音乐是用耳朵听的，怎么能用骨骼听呢？

平时我们耳朵所听到的声音，是物体振动引起空气振动，振动的空气又震动了我们耳朵的鼓膜，通过耳蜗传到听觉神经，最后被大脑感知。其实，除了耳朵的听觉系统外，我们的骨骼也与听觉神经相通。在刚才的小实验中，手指甲与牙齿刮触的振动，是从牙齿经由颌骨传给听觉神经的。

让我们通过几个"骨骼听声音"的趣味小实验，来体验一下怎样通过骨骼听到声音。

实验材料和用具：棉花球、音叉、收音机或随身听、压电陶瓷片。

实验步骤：

1. 用两个棉花球塞住耳朵。取一根音叉，用橡皮锤敲击多次，使音叉振动，但它的振动声很轻，这时你的耳朵听不见。将音叉柄的末端分别抵住你的额骨、头盖骨、颧骨，都能让你清楚地听到音叉的振动声，一旦音叉柄脱离接触，声音马上消失。

2. 用棉花球塞住耳朵，再用手捂住双耳。请同学帮助把接在正在放音的收音机或随身听上的耳机紧贴在你头部的骨骼或脊椎骨上，比较所听到的声音与耳朵听到的有什么不同。

3. 取一片压电陶瓷片，将它的两根电极接线连接在收音机或扩音机的高阻抗输出端，放音时压电陶瓷片发出的声音用耳朵听是很轻的。如果把它紧贴在头盖骨或颧骨上，立即能听到较响的声音。

做完这些实验，是不是发现原来骨骼真的能听音乐呀！

目前，欧洲和韩国市场上有一种专供耳聋者使用的电话机，它的听筒位置上有一个凸起的振动头，耳聋者打电话时，将振动头紧贴头盖骨，话音就会通过头盖骨传到中枢听觉系统。1995 年，美国人又研制成功把振动信号传到面颊骨（颧骨）的骨传导耳机；在它的基础上，日本进一步设计出骨传导耳聋助听器。

知识点

振动频率

振动物体在单位时间内的振动次数，常用符号 f 表示，频率的单位为次/秒，又称赫兹。振动频率表示物体振动的快慢，在振动的致病作用中，频率起重要作用。大振幅、低频率（20 Hz 以下）的振动，主要作用于前庭器官，并使内脏发生位移；小振幅高频率的振动，主要对中枢神经及各种组织内神经末梢发生作用。

爱因斯坦的质能方程式说明：物质就是能量。物理学家已经证明，我们这个世界上所有的固体都是由旋转的粒子组成的。这些粒子有着不同的振动频率，粒子的振动使我们的世界表现成目前的样子。我们的人身也是如此。科学家已经测量过人在不同的体格和精神状态下身体的振动频率，结果让人大开眼界。

延伸阅读

昆虫的语言

通过声音传递信息是昆虫的一种"语言"形式。昆虫虽然不能用嘴发出声音来，却可以充分运用身体上的各种发声器官来弥补这一不足。昆虫虽无镶有耳轮的两只耳朵，但它们有着极为敏感的听觉器官（如听觉毛、江氏听器、鼓膜听器等）。昆虫的特殊发音器官与听觉器官密切配合，就形成了传递同种之间各种"代号"的声音通信系统。

我国劳动人民早已对不同种类昆虫声音通信的发声机理和部位有所认识。我国古籍《草木疏》上说"蝗类青色，长角长股，股鸣者也。"《埤雅》上说"苍蝇声雄壮，青蝇声清眇，其音皆在翼。"已明确地将不同昆虫的"声语"分为摩擦发声和振动发声。

东亚飞蝗的发声，是用复翅（前翅）上的音齿和后腿上的刮器互相摩擦所致。音齿长约1厘米，共有约300个锯齿形的小齿，生在后腿上的刮器齿则很少，但比较粗大。要发声时，先用四条腿将身体支撑起，摆出发音的姿势，再把复翅伸开，弯曲粗大的后腿同时举起与复翅靠拢，上下有节奏地抖动着，使后腿上的刮器与复翅上的音齿相互击接，引起复翅振动，从而发出"嚓啦、嚓啦"的响声。

摩擦发声大多是由20～30个音节组成的，每个音节又由80～100个小音节组成。发出来的声音频率多在500～1000赫兹之间，不同的音节代表着不同的信号。因此，音节的变换在昆虫之间的声音通信联络中有着重要作用。

据报道，家蝇翅的振动声音频率为147～200赫兹。国内有人研究过8种蚊虫的翅振频率，不同种类、不同性别均不相同。8种蚊虫的翅振声频可达433～572赫兹，而且雄性明显高于雌性。农民有句谚语"叫得响的蚊子不咬人"，就是这个道理，因为雄蚊是不咬人的。

大多数昆虫发出的声音是极小的，它们之间使用人类很难模拟的"语言"进行喃喃"私语"。但是，也有的昆虫能发出十分响亮的声音，蝉类就是它们的杰出代表了。雄蝉腹部有一个像大鼓一样的发声器，它们很像不知疲倦的"歌唱家"，夏季从清晨到夜晚到处都可以听到它们响亮的"歌声"。原来，仲夏季节蝉从地下钻到地面后，充其量也只能活到秋天。在短暂的一生中，它们不得不抓紧时间以没完没了的"歌唱"来召唤它的"情侣"（雌蝉）。有趣的是，蝉的种类不同，鸣叫时所发出的声波也不同，如夏蝉喜欢"引吭高歌"，而寒蝉的"歌唱"总带有低沉悲切的色调。这样一来，一种蝉的个体对另一种蝉发出的"求爱"歌声是不会给予理会的。就算是同一种蝉，假如雄蝉的"歌喉"出了毛病，由它"演唱"的"情歌"，也会失去对"情侣"的引诱力。此外，斗蟋蟀时胜利者的得意鸣叫，也许就是一种"凯歌"吧！

昆虫中"声音语言"的巧妙运用与灵敏度，已有点像人类使用的"大哥大"和"BP机"，但其"语言"与听觉器官的相互作用，是否已具有人类发音与收音之间的那种密切连带关系，还需进一步探讨。

力学知识小实验

一、纸条比木条结实

实验材料和用具：牛皮纸、细木条。

实验步骤：

用牛皮纸做两个圆环，取一根干燥的细木条，在它两端各用一个纸环套住。把纸环固定在支架上，让纸环把木条水平吊起。如果用粗金属棒或木棒压木条中部，逐渐用力，纸环断，木条完好。如果用金属棒对准木条中心位置，猛击一下，那会发生什么情况呢？也许纸环没有断，倒是细木条断了。

难道纸会比木条结实？不是的。是物体的惯性在起作用。当打击的力量作用在细木条上时，由于一瞬间细木条不能立刻运动起来，还来不及把你打击它的力传递给纸环，细木条上被打击的地方，却因经受不住这样大的力而先断了。

二、虹吸器

这是一个极其简单的实验，但它却具有实际使用价值。在必须从盛有液体的容器中取出液体，特别是在有障碍物存在而影响取出液体的情况下，通常可以用上这一方法。

当你用一根吸管喝橘子汁时，你是在使橘子汁克服重力。先吸去吸管中的所有空气，让外面的空气在橘子汁表面往下施加压力，从而帮助橘子汁从杯里送到你的嘴里。这就是虹吸管的原理。

实验材料和用具：两只杯子、软管。

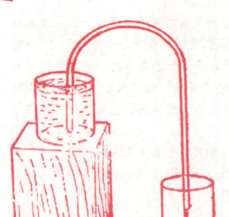

虹吸管的原理

实验步骤：

先在一个空杯中装上清水，并将软管的一头插入杯子中。再将第二个杯子放在软管的另一头易于到达的低处。在皮管位置较低的一头吸气、吸掉管中的所有空气，管内则充满了水。

从嘴里拿开软管时要小心，一旦管口离开你的嘴，便用一根手指紧紧地堵住管口，以维持吸力。

将管口放在空瓶中，放开你的手指，这时水便从上面的杯子中往低处的杯中缓缓流去。只要放在高处的管口仍处在水面以下，水就一直往下流。

三、惯性

实验材料和用具：方木头、线绳。

实验步骤：

1. 剪一段结实的线绳，按图吊起一块方木头。再剪一根同样的线绳，系在木块下方。

惯　性

2. 问你身边的朋友，要上面的还是下面的线绳断。如果他要上面的绳子断，你就捏紧系在木头下方的绳子端，向下缓慢地用力拉；如果他要下边的绳子断，你仍捏紧原来的地方，快速、用力地向下拉。

他会看到，想要哪根线绳断，哪根线绳就断了。当你的朋友还在莫名其妙时，不妨叫他自己试一试（不告诉他你的拉法），结果恐怕不会这样了。你能用"惯性"原理解释其中的奥秘吗？

四、水中悬蛋

实验材料和用具：玻璃杯两个、水、食盐、蓝墨水、筷子、鸡蛋。

实验步骤：

1. 在玻璃杯里放 1/3 的水，加上食盐，直至不能再多溶化盐为止。

2. 再用一只杯子盛满清水，滴入一两滴蓝墨水，把水染蓝。

3. 取一根筷子，沿着筷子，小心地把杯中的蓝色水慢慢倒入玻璃杯中。

4. 玻璃杯里下部为无色的浓盐水，上部是蓝色的淡水。

5. 动作缓慢地把一只鸡蛋放入水里，能看到它沉入蓝水，却浮在无色的盐水上，悬停在两层水的分界处。

知道是为什么吗？这是因为生鸡蛋的密度比水大，所以会下沉。盐水的密度比鸡蛋大，鸡蛋就会上升。最终鸡蛋漂在了两个溶液的分界处，就像悬在水中一样。

五、瓶子赛跑

实验材料和用具：同等大小及重量相等的瓶子两个、沙子、水、长方形木板一块、两本厚书。

实验步骤：

1. 用长方形木板和两本书搭成一个斜坡。

2. 将水倒入一个瓶子中，将沙子倒入另一个瓶子中。

3. 把两个瓶子放在木板上，在同一起始高度让两个瓶子同时向下滚动。

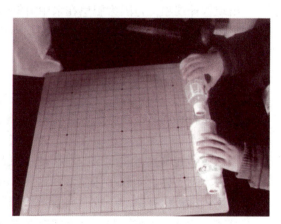

瓶子赛跑

一会儿，你可以看到装水的瓶子比装沙子的瓶子提前到达终点，这是因为沙子对瓶子内壁的摩擦比水对瓶子内壁的摩擦要大得多，而且沙子之间还会有摩擦，因此它的下滑速度比装水的瓶子要慢。

六、反作用力

实验材料和用具：转椅、枕头。

实验步骤：

坐在转椅上，用最大的力量抛出一只枕头。枕头向前抛，你的身体就会向后退，转椅就会旋转起来。枕头越重，抛出时用的力越大，转椅旋转得也越快。

这是因为你用力向前抛枕头时，枕头也产生一个力，向你反推过来。这就是牛顿第三定律：作用力和反作用力方向相反，大小相等。火箭在太空飞行，也是因为它飞行时不断喷出大量气体，强大的气流的反作用力推动火箭向前运动。

七、水上旋转盘

本实验将介绍一种制作会自动在水中旋转的双鱼形纸盘的方法。

实验材料和用具：硬纸板、剪刀、肥皂、水盆、清水。

实验步骤：

在硬纸板上画一个双尖鱼形，用剪刀把它剪下来，在双尖内弯曲处用小刀豁开两个小开口，用小刀切两块小肥皂片，将肥皂片插在两个小开口内。准备好一盆清水，把双尖鱼形纸盘轻轻地平放在水面上，等一会儿两块小肥皂块在水中稍一溶解，双尖鱼形纸盘就会慢慢动起来，它会越转越快，好像有动力的水轮一样。

出现这种现象，是因为肥皂在水中溶解时，产生一种向四面扩散的推力，由于纸鱼挡住了它向前的推力，两块肥皂所产生的同向反作用力便推动纸鱼旋转起来。

八、难舍难分

实验材料和用具：两本比较厚的书。

实验步骤：

把两本书的书页对插起来，对插的书页越多越好。然后请一位同学用双手抓住一本书，你也用双手抓住另一本书。现在你们用力拉吧，你们会发现，这两本书很难被拉开。

其实，这是由于书页与书页之间存在着摩擦力，虽然这种摩擦力并不大，但是由于对插起来的书页很多，这些书页之间存在的摩擦力加起来就形成了一个非常大的力了。

九、吹气大力士

如果有人对你说，他可以凭吹气使你升起来，你不要匆忙否定。做完下

NENG YANZHENG DE KEXUE

面的实验后，你就会相信这是可能的。

实验材料和用具：篮球胆或医用点滴袋、橡皮管。

实验步骤：

1. 在一只没有充气的篮球胆或医用点滴袋上堆几本很厚的书。

2. 在橡皮管的一端插入一小段玻璃管，以便吹气，另一端插入篮球胆或医用点滴袋。

3. 一面扶住书本，一面开始吹气。不用花费多大力气，就可以使这一叠书升起来。

吹气大力士

原因在哪里呢？尽管你吹气时产生的压力不大，但是篮球胆或医用点滴袋的面积比管子截面大许多倍，每一块与管子截面相同的面积上，都产生相同的压力，这样，整个篮球胆或医用点滴袋的总压力就很大了，足以提升起比较重的物体。

十、沙袋阻挡枪弹的原理

实验材料和用具：一根直径约 1.5 厘米、长 30 厘米的玻璃管或金属管、一根可以插入管子的略为长一些的实心棒、盐。

沙袋阻挡枪弹的原理

实验步骤：

再拿一张包书纸叠成几层，包住管子的一端，并用橡皮筋捆紧。然后把盐倒入管子里约 8 厘米高。好了，你一手拿住管子，另一手拿住实心棒，用力戳管子里的盐。任凭你用多大的力气也不能把纸盖戳穿。

秘密在哪里呢？因为实心棒戳向盐的力传到许多盐颗粒上，转变成沿各个方向传递的许多分力，真正作用到纸盖上的力就减小了。

沙袋能有效地阻挡子弹，道理就在这里。

知识点

惯　性

当你踢到球时，球就开始运动，这时，因为这个球自身具有惯性，它将不停地滚动，直到被外力所制止。所有的物体在任何时候都是有惯性的，它要保持原有的运动状态或静止状态。这种惯性是一切物体固有的属性，是不依外界（作用力）条件而改变，它始终伴随物体而存在。

惯性与力的区别：①物理意义不同；惯性是指物体具有保持静止状态或匀速直线运动状态的性质；而力是指物体对物体的作用。惯性是物体本身的属性，始终具有这种性质，它与外界条件无关；力则只有物体与物体发生相互作用时才有，离开了物体就无所谓力。②构成的要素不同：惯性只有大小，没有方向和作用点，而大小也没有具体数值，无单位；力是由大小、方向和作用点三要素构成的，它的大小有具体的数值，单位是牛顿。③惯性是保持物体运动状态不变的性质；力作用则是改变物体的运动状态。④惯性的大小只与物体的质量有关，而力的大小跟许多因素有关。

延伸阅读

物理学家牛顿

牛顿（1643～1727），爵士，英国皇家学会会员，是物理学家、数学家、天文学家、自然哲学家。在整个科学史上，牛顿被认为是最伟大的科学家，因为他是一个真正集实验科学家、理论科学家和数学家三位一体的人物。在2005年，英国皇家学会进行了一场"谁是科学史上最有影响力的人"的民意调查，牛顿被认为比阿尔伯特·爱因斯坦更具影响力。

牛顿的理论贡献最辉煌的成就是万有引力定律的发现。他认为太阳吸引行星，行星吸引行星，以及吸引地面上一切物体的力都是具有相同性质的力，还用微积分证明了开普勒定律中太阳对行星的作用力是吸引力，证明了任何一曲线运动的质点，若是半径指向静止或匀速直线运动的点，且绕此点扫过与时间成正比的面积，则此质点必受指向该点的向心力的作用，如果环绕的周期之平方与半径的立方成正比，则向心力与半径的平方成反比。牛顿还通过大量的实验，证明了任何两物体之间都存在着吸引力，总结出了万有引力定律。牛顿的理论贡献得益于数学。在同一时期哈雷和胡克等科学家都在探索天体运动的奥秘，其中以胡克较为突出，他早就意识到引力的平方反比定律，但他缺乏像牛顿那样的数学才能，不能得出定量的表示。

1687 年，牛顿出版了代表作《自然哲学的数学原理》，这是一部力学的经典著作。牛顿在这部书中，从力学的基本概念（质量、动量、惯性、力）和基本定律（运动三定律）出发，运用他所发明的微积分这一锐利的数学工具，建立了经典力学的完整而严密的体系，把天体力学和地面上的物体力学统一起来，实现了物理学史上第一次大的综合。

牛顿的实验才能表现在光学方面。他利用三棱镜试验了白光分解为有颜色的光，最早发现了白光的组成。他对各色光的折射率进行了精确分析，说明了色散现象的本质。牛顿还提出了光的"微粒说"，认为光是由微粒形成的。他的"微粒说"与后来惠更斯的"波动说"构成了关于光的两大基本理论。此外，他还制作了牛顿色盘和反射式望远镜等多种光学仪器。

牛顿的研究领域非常广泛，他在几乎每个他所涉足的科学领域都作出了重要的成绩。他研究过计温学，观测水沸腾或凝固时的固定温度，研究热物体的冷却律，以及其他一些课题。

1727 年 3 月 31 日，伟大的艾萨克·牛顿逝世。同其他很多杰出的英国人一样，他被埋葬了在威斯敏斯特教堂。他的墓碑上镌刻着：让人们欢呼这样一位多么伟大的人类荣耀曾经在世界上存在。

热力学知识小实验

一、金属片弯腰

实验材料和用具：薄铁片、薄铝片、铆钉、蜡烛。

实验步骤：

1. 把长度相等的薄铁片和薄铝片叠在一起，两头用铆钉钉住，成为一个"双金属片"。

2. 用钳夹住"双金属片"的一端，在蜡烛上加热它的中间部分，不一会儿，两片金属从中间拱起，从侧面看呈现弯曲的月牙形。

这是因为在同样条件下，不同固体膨胀的程度不同，铝受热膨胀得比铁快，膨胀的程度也比铁大，但由于它们两头被固定住了，铝片只能从中间拱起。

人们利用"双金属片"在温度改变时会改变本身形状的原理，制成了许多自动化的装置和仪表，例如金属温度计，能自动记录温度的变化；又例如温度调节器，能自动保持室内恒定的温度等。

二、杯上飞轮

实验材料和用具：铝箔、杯子、沸水。

实验步骤：

1. 把铝箔剪成一个直径3~4厘米的圆片，8等分剪开，但不要剪通，中间留一个直径约1厘米的小圆。

杯上飞轮

2. 把8个剪出的小片朝同一方向扭成一定的角度，做成一个叶轮。在叶轮的中心钻一个小孔，然后把一个按钮嵌在小孔里，如图所示。

3. 拿一只杯子，盛上沸水。找一根大缝衣针，针尖顶在叶轮中心的按钮上，用手捏住缝衣针，放在杯子上面。

这时，你会看到叶轮受到杯子里上升的热气的推动，就会旋转起来。

别看这个小叶轮简单，飞机上用的涡轮喷气发动机的重要部件——涡轮，和它工作原理相似。

三、会吹泡泡的瓶子

实验材料和用具：饮料瓶一个、冷热水各一杯、彩色水一杯、大盘子一个、橡皮泥一块、吸管若干。

实验步骤：

1. 将吸管逐一连接，形成长管（连接口用胶带封好）。

2. 把吸管放入瓶中，并用橡皮泥密封住瓶口，再把瓶子放置在盘子中。

3. 弯曲吸管，使吸管另一端进入有彩色水的玻璃杯中。

4. 向瓶子壁上浇热水，杯子中的吸管会排放大量气泡。

5. 向瓶子壁上浇冷水。

6. 玻璃杯中的水会经过吸管流入瓶中。

很有趣吧，其实这是因为塑料瓶很薄，热可以穿过瓶壁，进入瓶子中的空气里。而瓶子中的空气受热后会膨胀。水中的气泡是空气膨胀时，被挤出瓶子的空气。当瓶子中的空气遇冷，就会收缩，水便占据了剩余的空间。

四、在瓶口上"跳舞"的硬币

硬币怎么会在瓶口上"跳舞"呢？你做完这个小实验，就会看到这种有趣的情景了。

实验材料和用具：一角硬币、瓶口小于硬币直径的玻璃空瓶（可用汽水瓶、牛奶瓶或合适的药水瓶）。

实验步骤：

先在瓶口边缘上滴几滴水，小心地把硬币盖在瓶口上，并刚好封住。现在，把你的双手捂住这只空瓶。如果想表演"露一手"，可以夸张地做出挤压瓶子的动作。不一会儿，瓶口的硬币就一跳一跳，好像是你挤出瓶里的空气，使硬币跳起舞来。

其实，任何人都不至于力气大得能挤得扁玻璃瓶，再说玻璃瓶要真能挤得动，也就碎了。"硬币跳舞"的真正原因，是你手上的热量把瓶里的空气焐热

在瓶口上"跳舞"的硬币

了，热空气膨胀，瓶内空气压强增大，一次次地顶开瓶口的硬币，放出一部分空气。甚至当你的手离开瓶子后，硬币还会跳上几次。

要让这个实验做得成功，得注意以下事项。

1. 在气温较低时，可以先把双手在热水里浸一下，或者将手心不断对搓，提高手温。

2. 当气温较高时，若先把瓶子放在冰箱的冷藏室里冷却一下，成功就更有把握了。

五、切不开的冰块

实验材料和用具：冰块、金属丝、瓶子或木头、铅笔。

实验步骤：

在一根长约 20 厘米的细金属丝的两端，各缚一支铅笔。拿一块冰，放在一个瓶子或一块木头的顶上，然后用双手拿着铅笔，把金属丝放在冰的中间，再用力向下压，切割冰块。大约一分钟后，金属丝会全部通过冰块。但是冰块仍旧是完整的，好像没有被切割过一样。

这是为什么呢？原来，金属丝的压力使和它接触的那部分冰融化，这部分冰在融化过程中必须从它周围的冰块中吸收热量。当金属丝通过后，由于周围的冰温度仍旧比较低，所以切割时化成的水又重新结成冰了。

六、冷水热水对抗赛

实验材料和用具：空罐头盒、玻璃杯。

实验步骤：

1. 在两个相同的空罐头盒的底部，各打一个大小相同的小孔，分别放在两个玻璃杯上。

2. 一个罐里放热水，一个罐里放冷水。冷热水的体积一样，同时往罐中倒，看看哪只罐头盒里的水漏得快？

冷水热水对抗赛

结果总是热水漏得快。这是因为当水温比较低的时候，水分子相互靠得比较紧，运动非常缓慢。水变热的时候，就加速了分子运动，从而引起分子之间自由滑动，所以热水比冷水漏得快。原油、蜜糖等黏性液体，温度升高加速了分子运动，就变稀，变得容易流动。

七、翻滚不停的木屑

实验材料和用具：瓶子、木屑。

实验步骤：

在一只装水的瓶子里撒进一些木屑，摇动瓶子，使木屑均匀地混合在水里。然后把瓶子放在温度不很高的炉子上或暖气散热片上，不一会儿，就可以看到木屑不断地上下翻滚，非常好看。

这是因为瓶子底部的水受热后密度变小，逐渐上升，凉后又下沉，受热后又上升，结果形成连续的上下循环。水在上下循环时带着木屑一起上升又下沉，所以我们看到木屑在上下翻滚。

八、吃鸡蛋的瓶子

实验材料和用具：熟鸡蛋一个、细口瓶一个、纸片若干、火柴一盒。
实验步骤：

1. 熟蛋剥去蛋壳。

2. 将纸片撕成长条状。

3. 将纸条点燃后仍到瓶子中。

4. 等火一熄，立刻把鸡蛋扣到瓶口，并立即将手移开。

吃鸡蛋的瓶子

这个瓶子可不是真的对鸡蛋胃口大开，只不过因为纸片刚被烧过，瓶子是热的。当鸡蛋扣在瓶口后，瓶子内的温度渐渐降低，瓶内的压力变小，瓶子外的压力大，就会把鸡蛋挤压到瓶子内。

知识点

密　度

在物理学中，把某种物质单位体积的质量叫做这种物质的密度。在国际单位制中，质量的主单位是千克，体积的主单位是立方米，于是取 1 立方米物质的质量作为物质的密度。对于非均匀物质则称为"平均密度"。

密度的物理意义是物质的一种特性，不随质量和体积的变化而变化，只随物态变化而变化。用水举例，水的密度在 4℃ 时为 10^3 千克/米^3 或 1 克/厘米^3，物理意义即每立方米的水的质量是 1000 千克。

热力学温标开尔文

开尔文，为热力学温标，是国际单位制中的温度单位。由爱尔兰第一代开尔文男爵威廉·汤姆森发明，其命名依发明者名字为 Kelvins，符号是 K，但不加"°"来表示温度。1927 年，第七届国际计量大会将热力学温标作为最基本的温标。

原名为威廉·汤姆森的开尔文是一位极为成功的科学家，年轻时锐意创新，思想极为活跃。他在格拉斯哥大学创建了第一所现代物理实验室；24 岁时出版一部热力学专著，建立温度的"绝对热力学温标"；27 岁时出版《热力学理论》一书，建立热力学第二定律，使其成为物理学基本定律；与焦耳共同发现气体扩散时的焦耳－汤姆森效应；历经 9 年建立欧美之间永久大西洋海底电缆，由此获得"开尔文勋爵"的贵族称号。他一生发表学术论文 600 多篇，获得专利 70 种，足以证明他的成功。然而，步入晚年的开尔文，以一般人所固有的保守，在英国皇家学会宣称经典的物理学大厦已经建成，也就是说，不会再有新的物理理论产生了。事实上，他自己也看到有"两朵乌云"遮蔽物理学研究。他所说的第一朵乌云，导致相对论的产生；他所说的第二朵乌云，导致了量子论的出现。这"两朵乌云"恰恰是世纪之交物理学革命的导火线，发展起了全新的物理学理论。

开尔文在物理研究中的成就是显而易见的，但他两次面临重大发现，却没有获得成功，不能不说是个遗憾。1845 年，21 岁的开尔文，在一次学术会议上不畏权势，发表他用数学公式表示法拉第的磁感线的见解，得到英国物理学家法拉第的鼓励。第二年，开尔文利用"力的活动影像法"表示电力、磁力与电流。正当他已经接近电磁理论边缘时，却踌躇不前，在焦耳引导下去研究热力学。1853 年，开尔文在热力学研究取得辉煌成就之时，又转而研究电磁学，发表著名论文《瞬间电流》，当他尚未弄清振荡电流是怎样把电磁振荡传播出去时，又踌躇不前，把精力转移到长距离电缆传递电报的理论问题上。后来，电磁场理论由麦克斯韦建立，电磁波由赫兹发现。后来人们研究他与真理失之交臂的原因，有以下几点：一是固守经典物理学已成大厦的成规，在这种思想指导下，当他到达真理的边缘的时候，却放弃了真理的发现；二是开尔文早年得志，却很少阅读他人著作，不善于吸取他人之长；三是具有工程师气质，对应用工程感兴趣，但缺乏理论物理学家的直觉，缺乏发现真理的洞察力。

热学知识小实验

一、飞行的塑料袋

实验材料和用具：1 个轻便的塑料袋和 1 个吹风机。

实验步骤：

1. 打开塑料袋，倒置。将吹风机伸入塑料袋，并打开热气开关。

2. 几秒钟后，关闭吹风机并拿开。

3. 松开手，塑料袋会飘起来。

之所以会出现这种现象是因为热能使物体飞起来，因为热气轻，向上升，使塑料袋也向上升。当空气受热并且上升时，热气便通过"对流"向上运动。从取暖器散发的热温暖整个房间，也是借助于"对流"。

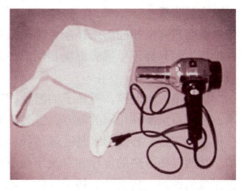

飞行的塑料袋

二、绳取冰块

在一杯矿泉水里有一些冰块，你能用一根细绳把冰块取出杯子吗？其实很简单，动手试一试。

实验材料和用具：盐和一根细绳。

实验步骤：

1. 将绳子放在冰上，沿着绳子撒一些盐，尽量使盐紧贴着绳子。

2. 在水中也加一些盐。

3. 静待观察，你会看到冰上有盐的地方，逐渐地出现了一个小沟，这时把绳子放入小沟。

4. 再继续观察，等看到绳子被封到了冰块里，而且又冻结实了，就可以用绳子把冰块从杯子里提起来了。

你看，是不是做到了。知道为什么吗？其实，一般水的凝固点是 0℃，在水中加了些盐时，水的凝固点就降低了，也就是说盐水结冰的温度要低于

0℃才行。而在冰块上洒了盐以后，冰块自身不能再降低自己的温度了，于是开始溶化，在冰上有盐的地方，水就溶得比别处快，逐渐地形成一个小沟，就是放绳子的小沟。随着冰块的溶化，盐水的浓度也越来越淡，于是水的凝固点又开始上升，重又结冰。结果，绳子被冻在冰块里。根据不同物质的溶液的凝固点不同，盐水的凝固点低于清水，我们还可以做把一些小东西镶入冰块内的实验。

三、照射实验

实验材料和用具：茶杯、黑纸套、白纸套、水、阳光。

实验步骤：

找两只完全相同的茶杯来，一只茶杯外面套上黑纸套，另一只外面套上白纸套。两只杯子里盛满温度相同的冷水，放在太阳光下晒一两个小时，哪只杯里的水先热？

把杯里的水倒掉，等杯子的温度相同以后，往杯子里倒满温度相同的热水，放在通风条件相同的地方，哪只杯里的水先凉？

我们知道，杯内的水是通过传导、对流和辐射三种方式和外界交换热量的。这两只杯子热的传导和对流不受颜色的影响，完全相同，只有辐射受颜色深浅的影响，套黑纸的杯子吸收太阳辐射的本领强，杯里的水先热。黑杯子吸收热辐射的本领强，向外辐射热的本领也一样强，所以当杯里装热水的时候，热水也先凉。

四、神秘的火焰

你认为火焰的中心是温度最高的地方吗？做完下面的实验就可以得到答案。

实验材料和用具：一张纸和一支蜡烛。

实验步骤：

平拿着纸，迅速地把纸沿水平方向移到烛芯上面约6毫米处。纸一开始烧焦就马上把它拿开。火焰会在纸上形成一个很清晰的中间无焦斑的圆圈。这说明烛芯上面恰好是温度不算太高的地方。

这是因为蜡烛火焰的外围直接从空气中吸收氧气，燃烧得比较充分，所以温度比较高，而火焰中心得不到足够的氧气，温度就比较低。

五、天平倾斜了

实验材料和用具：纸口袋、细线、细木条。

实验步骤：

1. 用细线、细木条做成一架轻巧灵活的天平。

2. 把两个纸口袋倒挂在天平的两端，并使天平两边平衡。

3. 用点燃的蜡烛放在其中一个纸口袋的下面（注意不要把纸口袋烧着）。

4. 过一会儿，纸口袋里空气变热时，纸口袋就会像气球一样上升。移

天平倾斜了

开蜡烛后，天平仍保持倾斜。待热空气冷却后，天平才恢复水平状态。

这是因为气体受热后要膨胀，同样体积的热空气比冷空气要轻一些，所以天平就向没有蜡烛的一边倾斜。

六、铁丝伸长

实验材料和用具：一根粗铁丝、一块玻璃、大头针或缝衣针、狭长硬纸条、一些重物、蜡烛。

实验步骤：

把粗铁丝的两头分别搁在砖上。在铁丝的一头垫一块玻璃，在玻璃和铁丝之间，放一枚大头针或缝衣针，针尖穿过一片狭长硬纸条。铁丝的另一头用硬物顶住，上面再压上重物。用蜡烛加热铁丝的中间部分，过一会儿，你就看到穿在针尖上的硬纸条偏转了；吹熄烛焰，硬纸条会慢慢转回原处。

一般物体（包括固体、液体和气体）都具有热胀冷缩的性质。铁丝受热会伸长，于是压在铁丝和玻璃间的小针就带着硬纸条转动了。

七、在开水中不融化的冰

冰放在开水里当然融化，这还用问吗。那可不一定，让我们做个实验试一下看。

实验材料和用具：试管、冰、酒精灯。

实验步骤：

1. 在试管里放几块冰，冰上放一个直径与试管口径相当的小弹簧，以防止加水时冰块浮到水面上。

2. 把加水后的试管倾斜夹住，用火焰对着试管上半部加热，直到试管里的水沸腾。

开水中不融化的冰

3. 摸摸试管底部，你会发现它是冷的，而管底的冰也没有融化，或者只是融化了一点点。

这是因为密度较小的热水在上半部，不发生上下水对流。而且水的导热性能差，所以，虽然试管上半部的水开了，管底的冰却不融化。

八、接冰

实验材料和用具：两个冰块、塑料薄膜、砖或其他重物。

实验步骤：

把两块表面平整的冰合在一起，在上面盖一张塑料薄膜，再放上几块砖或其他重物，不一会儿，这两块冰就会牢牢地连接在一起。如果在这两块接起来的冰下面，再放上一块表面平整的冰，压上更多的重物，再过一会儿，这块冰和上面两块冰又会牢牢地连接在一起。

这是因为冰受压后溶点会下降，冰块合在一起受压后接触面会融化而出现薄薄一层水，但是这层水很快就会因降温而结冰，把冰块接合在一起。

九、冷水"烧"开水

实验材料和用具：烧瓶、酒精灯、橡皮塞。

实验步骤：

1. 在一个烧瓶里装上水，用酒精灯加热，使水沸腾。拿去酒精灯，烧瓶里的水就停止沸腾。

2. 把烧瓶拿下来，用橡皮塞塞紧瓶口，把它倒置在架子上。

3. 舀一杯冷水浇烧瓶的底部，你会看到烧瓶里的水又沸腾起来了。

原来，瓶里的水汽遇冷凝结后，瓶内的气压减小，水的沸点也就降低了。据科学测定，气压是 760 毫米水银柱（101 kPa）时，水的正常沸点是 100℃；气压增

冷水"烧"开水

加到 787.5 毫米水银柱（104 kPa）时，水的沸点就是 101℃。相反，气压减小到 525.8 毫米水银柱（67 kPa）时，水的沸点降为 90℃。

十、会"冒汗"的黑板

你有没有发现有时候黑板上挂着许多小水珠，使得字迹变模糊了？知道这是为什么吗？难道说黑板也会"冒汗"吗？赶快通过下面这个实验揭秘吧！

实验材料和用具：纸箱、较厚的铁板、烧瓶、酒精灯、铁架台。

实验步骤：

1. 在纸箱右侧的箱盖上开一个直径 4 厘米的圆孔，紧靠着圆孔在纸箱里竖直放置一块较厚的铁板。

2. 在纸箱左侧的底部插上一根玻璃管，玻璃管的另一端与盛有一定量水的烧瓶相连。

3. 装置安好后，对烧瓶进行加热。当烧瓶中的水沸腾约 1 分钟后，移走酒精灯，从纸箱中取出铁板，你会发现铁板上布满了小水珠。

4. 将铁板烘干，立即放回纸箱的原处，点燃酒精灯加热烧瓶再次向纸箱中送 1 分钟的水蒸气，然后取出铁板，你发现这次铁板上并没有出现小水珠。

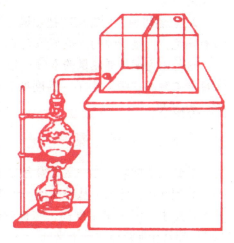

会"冒汗"的黑板

为什么前后两次实验会出现不同的结果呢？

其实，在第一次实验时，纸箱内空气的温度较高，湿度较大，由于空气与铁板之间的温差较大，于是空气中的水蒸气遇到较冷的铁板便凝结成小水珠；而第二次实验时，加热后的铁板与空气之间的温差较小，所以空气中的水蒸气不易在铁板上凝结。

现在，你明白了吧，黑板根本不会"冒汗"，那些小水珠只是空气中的水蒸气遇冷凝结而成的，不过要使水蒸气在黑板上凝结必须要具备两个条件：一是黑板与空气的温差要比较大；二是空气的湿度也要较大。

在我们的教学当中使用的黑板有很多种，一般，水泥黑板相对木黑板和镀锌金属黑板而言，更容易使水蒸气凝结。这是因为水泥黑板与墙体相连，

且水泥是热的不良导体，当气温升高时黑板的温度不能随之同步升高，于是两者产生较大的温差，水蒸气比较容易凝结。木黑板虽然也是热的不良导体，但它一般与墙体分离，周围被空气包围，所以与空气温差相对较小。最理想的是镀锌金属黑板，它是一层金属薄片，用多层硬纸板与墙体隔离，由于金属是热的良导体，当气温升高时，金属黑板的温度能随着升高，所以水蒸气不易在它的上面凝结成小水珠。

十一、铜丝灭火

实验材料和用具：粗铜丝、蜡烛。

实验步骤：

1. 用粗铜丝绕一个直径比蜡烛截面稍小一点的螺旋圈，圈与圈之间要有一定的空隙。

2. 点燃蜡烛，用螺旋圈把烛焰轻轻罩住，这时你会看到，火焰与空气并没有隔绝，可是蜡烛的火焰却熄灭了。

这是因为铜传递热量的本领很强，铜丝罩在燃着的蜡烛上，火焰的热量大部分被铜丝"吸"走了，温度低于蜡烛的着火点（190℃）时，蜡烛的火焰就会熄灭。

十二、加热落"霜"

看到这个标题，你一定觉得有意思吧，可给朋友们表演一下。

我们知道，冬天，从外面揉一个雪团拿进屋来，过一会儿雪团就会化成水。这是由于屋子里温度高，雪被融化了的缘故。可是，在下面的实验中，"霜"却是在加热以后落下来的。

实验材料和用具：苯甲酸、铁罐头盒。

实验步骤：

1. 拿一个铁罐头盒，去掉盖，在底上铺上一层砸碎了的苯甲酸。

2. 取一根能放进盒内的树枝，一头系在一根小棍上，把树枝倒挂在铁盒中。

3. 把铁罐头盒放在火上加热。稍过一会儿，把树枝取出来看，枝条上落了一层"白霜"。

雪遇热就融化，但为什么这根树枝在加热的铁罐中却落满了"白霜"呢？

原来，苯甲酸是白色的结晶固体，具有一种很特殊的性质——升华。升华就是指一种固体在受热时，不经过液体阶段直接变为气体的现象，这种气体在冷却时又可以不经过液体阶段而直接变为固体。当你给铁罐加热时，放在铁罐中的苯甲酸便发生升华现象，固体直接变为气体飞离底部，上升的蒸气遇到温度较低的树枝，又直接凝成固体粉末，落在枝条上。由于这些粉末是骤然冷凝而成的，又非常细，所以看上去像是落了一层霜。这就是火中落霜的实质。

注：苯甲酸是一种有机酸，它的钠盐是一种很温和的防腐剂。

 **知识点**

固 体

凡具有一定体积和形态的物体称为"固体"，它是物质存在的基本状态之一。组成固体的分子之间的距离很小，分子之间的作用力很大，绝大多数分子只能在平衡位置附近做无规则振动，所以固体能保持一定的体积和形状。

在受到不太大的外力作用时，其体积和形状改变很小。当撤去外力的作用时，能恢复原状的物体称弹性体，不能完全恢复的称塑性体。构成固体的粒子可以是原子、离子或分子，这些粒子都有固定的平衡位置。但由于这些粒子的排列方式不同，固体又可分为两类，即晶体和非晶体，如果粒子的排列具有规则的几何形状，在空间是三维重复排列，这样的物质叫晶体，如金属、食盐、金刚石等。如果组成固体的粒子杂乱堆积，分布混乱，这样的物质叫非晶体，如玻璃、石蜡、沥青等。晶体有一定的熔点，而非晶体却没有固定的熔解温度。非晶体的熔解和凝固过程是随温度的改变而逐渐完成的。它的固态和液态之间没有明显的界限。

 **延伸阅读**

热学的奠基人之一克劳修斯

克劳修斯（1822～1888），德国物理学家，是气体动理论和热力学的主要奠基人之一。1822年1月2日生于普鲁士的克斯林（今波兰科沙林）的一个知识分子家庭。曾就学于柏林大学。1847年在哈雷大学主修数学和物理学的哲学博士学位。从 1850 年起，曾先后任柏林炮兵工程学院、苏黎世工业大学、维尔茨堡大学、波恩大学物理学教授。他曾被法国科学院、英国皇家学会和彼得堡科学院选为院士或会员。

克劳修斯主要从事分子物理、热力学、蒸汽机理论、理论力学、数学等方面的研究，特别是在热力学理论、气体动理论方面建树卓著。他是历史上第一个精确表示热力学定律的科学家。1850 年与兰金（1820～1872）各自独立地表述了热与机械功的普遍关系——热力学第一定律，并且提出蒸汽机的理想的热力学循环（兰金－克劳修斯循环）。1850 年克劳修斯发表《论热的动力以及由此推出的关于热学本身的诸定律》的论文。他从热力运动的观点对热机的工作过程进行了新的研究。首先从焦耳确立的热功当量出发，将热力学过程遵守的能量守恒定律归结为热力学第一定律，指出在热机做功的过程中一部分热量被消耗了，另一部分热量从热物体传到了冷物体。

在发现热力学第二定律的基础上，人们期望找到一个物理量，以建立一个普适的判据来判断自发过程的进行方向。克劳修斯首先找到了这样的物理量。1854 年他发表《力学的热理论的第二定律的另一种形式》的论文，给出了可逆循环过程中热力学第二定律的数学表示形式：引入了一个新的后来定名为熵的态参量。1865 年他发表《力学的热理论的主要方程之便于应用的形式》的论文，把这一新的态参量正式定名为熵。利用熵这个新函数，克劳修斯证明了：任何孤立系统中，系统的熵的总和永远不会减少，或者说自然界的自发过程是朝着熵增加的方向进行的。这就是"熵增加原理"，它是利用熵的概念所表述的热力学第二定律。

在气体动理论方面克劳修斯作出了突出的贡献。克劳修斯、麦克斯韦、玻耳兹曼被称为气体动理论的三个主要奠基人。由于他们的一系列工作使气体动理论最终成为定量的系统理论。1857 年克劳修斯发表《论热运动形式》的论文，以十分明晰的方式发展了气体动理论的基本思想。他假定气体中分子以同样大小的速度向各个方向随机地运动，气体分子同器壁的碰撞产生了气体的压强，第一次推导出著名的理想气体压强公式，并由此推证了波义耳－马略特定律和盖·吕萨克定律，初步显示了气体动理论的成就。而且第一次明确提出了物理学中的统计概念，这个新概念对统计力学的发展起了开拓性的作用。

1858 年他发表《关于气体分子的平均自由程》论文，从分析气体分子间的相互碰撞入手，引入单位时间内所发生的碰撞次数和气体分子的平均自由程的重要概念，解决了根据理论计算气体分子运动速度很大而气体扩散的传播速度很慢的矛盾，开辟了研究气体的输运过程的道路。

克劳修斯在其他方面贡献也很多。他从理论上论证了焦耳－楞次定律。1851年从热力学理论论证了克拉珀龙方程，故这个方程又称克拉珀龙－克劳修斯方程。1853年他发展了温差电现象的热力学理论。1857年他提出电解理论。1870年他创立了统计物理中的重要定理之一———位力定理。

▌▌▌电磁学知识小实验

一、旋转的铝片

实验材料和用具：软木塞、缝衣针、薄铝片或铜片、剪刀。

实验步骤：

1. 在软木塞中心反插一枚缝衣针，另外找一块平整的薄铝片或铜片，把它剪成圆形。小心地把圆片的圆心放在针尖上，使它保持平衡，并能沿水平方向转动。

2. 用一根一尺半长的细线，系住一块磁性较强的马蹄形磁铁，把它挂在离圆片的中心很近的位置，把磁铁拧转30圈左右后松开手，磁铁旋转起来，下面的圆片也沿磁铁旋转的方向旋转起来了。

这是因为磁铁旋转的时候，铝片或铜片受到旋转磁场的作用，产生感生电流，同时感生电流本身也产生磁场。磁铁的磁场与感生电流产生的磁场相互作用，结果就使铝片或铜片受力而转动起来了。

二、探索地磁场

地球的磁场本身是看不见又摸不着的，对它的测量更是不易操作，以下这个实验可简单解决这两个问题。

实验材料和用具：纸管子（中间开了个窗）一根，铜芯线一根，胶带纸一卷，电池组（3V）一个，可变电阻（500Ω）一个，指南针一个，硬纸板一片，量角器一个，电流表一个。

实验步骤：

1. 把一张白纸粘在课桌上，并把指南针放在纸上，等它正确指向北方后，用尺在纸上画一条南北线，接着用量角器画一条东西走向的线，通过两线的交点画一些与南北或东西成45°角的线。

2. 把铜芯线均匀地绕在纸管子上，大约绕100圈左右。在绕线的末端留出大约20厘米长的"尾巴"，为了使"尾巴"能固定住，可用胶带纸把它粘

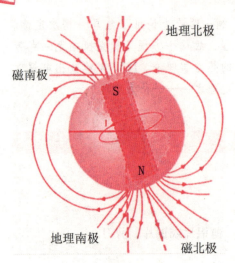

地磁场

在纸管子（此时它叫螺线管）上。用砂纸把"尾巴"外一层绝缘材料剥落。

3. 把螺线管沿东西先固定在白纸上，这样产生的磁场就指向东西方向了。

4. 剪一个与螺线管直径同宽，长度同长的硬纸片，并把指南针粘在硬纸片中央，塞入管子，这样自由伸缩纸片我们就可以通过窗口看到指南针。

5. 把线圈、电池组以及可变电阻，电流计连成一个回路，通过调节可变电阻来调节回路中的电流，使指南针指向其中一条45°角线，并记下电流值。

利用近似无限长螺线管的磁感应强度公式进行计算：磁场感应强度 $B_{线圈} = \mu_0 nI = B_{地水平}$（此处 n 为单位长度的线圈数）可求出线圈中的磁场，也即水平方向的地磁场。大家可以把这个结果与用磁偏角仪所测得的结果（$B_{地水平} = |B_地| \cos\theta$）作一比较。

三、带电的气球

实验材料和用具：气球两个、线绳一根、硬纸板一张。

实验步骤：

1. 将两个气球分别充气并在口上打结。

2. 用线绳将两个气球连接起来。

3. 用气球在头发（或者羊毛衫）上摩擦。

4. 提起线绳的中间部位，两个气球立刻分开了。

5. 将硬纸板放在两个气球之间，气球上的电使它们被吸引到纸板上。

这个实验的原理是：同性相斥、异性相吸，一个气球上的电排斥另一个气球上的电。当它们之间有一个纸板的时候，两个气球上的电又使它们被吸引到纸板上。

四、自动倒下的硬币

实验材料和用具：硬币、条状磁铁。

实验步骤：

取10枚硬币，将它叠整齐成圆柱形横放在桌面上，如图中左边图所示。

拿一根磁铁，将其 N 极自上而下铅垂方向慢慢接近桌面上这叠横放的硬币，这叠原来呈圆柱形的硬币会自动一枚接着一枚地向两侧倒下，如图中右边图所示。

这是由于这叠硬币在磁场的作用下发生了变化，使其中每枚硬币的上端都分别磁化成为 S 极和 N 极，由于同性相斥，加上硬币之间紧贴在一

硬币

自动倒下的硬币

起，在磁性斥力作用下，这叠横放在桌面上的硬币会自动由图中左所示的样子变成图中右所示的样子了。

五、闪光的灯管

天气干燥的夜晚，在你脱尼龙衬衫的时候，故意让它和内衣摩擦（如果内衣是纤维棉制品就更好了），然后把日光灯关掉，用手托住衬衫靠近灯管，并沿灯管移动，就可以看到灯管闪闪发光。如果衬衫上带的电荷多，产生的闪光甚至能看清屋内的陈设，并能维持一定的时间。

这是因为衣服上的大量静电荷，在周围产生了较强的电场。日光灯管里的一些游离电子受这个电场的作用得到加速，这些游离电子在飞行中又撞击其他气体分子使它们电离，最后，所有的游离电子又一同用极高的速度撞击管壁上的荧光粉，这样就产生了可见光。由于衣服上的电荷分布不均匀，所以在沿灯管移动时，灯管就会频频闪光，非常好看。

六、测皮肤的敏感度

在生活中，我们发现人体皮肤的感觉是不一样的。有的地方敏感，有的地方迟钝。我们可以通过实验测试出人体皮肤的敏感区域，并绘制成图。

实验材料和用具：曲别针。

实验步骤：

1. 取一枚曲别针，将它展成一条直线，然后再从中点对折，使两个端点之间距离为1cm。

2. 在纸上先绘出人体的正面图，请你的同学或朋友配合你做实验。在你的实验者不看的情况下，用曲别针的两个端点同时按在他的前臂上，请他说出是一个尖还是两个尖。然后再将一个尖头按在他的皮肤上，请他说出感觉。

3. 再改变两个端点之间的距离。重复前面的实验步骤。

4. 将结果绘制在图上，最终你会得到一幅完整的人体敏感区域分布图。

注意：在手指部位上，只需要用距离为 1 毫米的两个端点即可。通过这个实验可以更好地了解自身的生理特点，注意保护自己的身体。

七、浊水变清

通过这个浊水变清的实验，你将会弄清在河流入海的地方，那些叫三角洲的陆地是如何形成的？

实验材料和用具：泥土、明矾、茶杯。

浊水变清

实验步骤：

在一个茶杯中放入一些泥土和水，充分搅拌后，使其静止。待大颗粒沉淀后，把上层混浊的水倒入另一个茶杯中。然后把明矾（硫酸钾铝）研成粉末放到杯子里搅拌几下，过一会儿，原来浑浊的水就变得清澈透明了。

原来水中的那些小泥土微粒（称"胶体"粒子）都带有负电荷，当它们彼此靠近时，由于静电斥力，总是使它们分开，没有机会结合成较大的颗粒沉淀下来，所以就会在很长时间内在水中悬浮，甚至几天也不能沉下来。当加入明矾后，明矾在水中发生化学反应，生成了一种白色的絮状沉淀物——氢氧化铝。氢氧化铝是带有正电荷的胶体粒子。当它与带负电荷的泥沙相遇时，正、负电荷就彼此中和。这样，不带电荷的颗粒就容易聚结在一起了，而且，聚结后颗粒越来越大，终于会克服水的浮力而沉入水底，水也就变得十分清澈了。

从这个道理中，我们就能解释河流入海处三角洲的成因了。河水里带有大量的泥沙，当它流入海口的时候，流速减慢了，大颗的泥沙就自动地沉下来，那些小颗粒的泥沙在海水中的食盐、硫酸镁等带正电荷的物质（电解质）的作用下，电荷抵消，变成不带电的颗粒而沉淀下去，天长日久，就变成了三角洲。

知识点

磁 场

  磁场是一种看不见，而又摸不着的特殊物质，它具有波粒的辐射特性。磁体周围存在磁场，磁体间的相互作用就是以磁场作为媒介的。电流、运动电荷、磁体或变化电场周围空间存在的一种特殊形态的物质。由于磁体的磁性来源于电流，电流是电荷的运动，因而概括地说，磁场是由运动电荷或电场的变化而产生的。

  磁场的基本特征是能对其中的运动电荷施加作用力，即通电导体在磁场中受到磁场的作用力。磁场对电流、对磁体的作用力或力矩皆源于此。而现代理论则说明，磁力是电场力的相对论效应。

延伸阅读

地球磁场南北颠倒

  美国《国家地理杂志》发表文章解释了地球磁场"南北颠倒"的原因。1845 年德国数学家卡尔·高斯开始记录地球磁场数据，与那时相比，今天的磁场强度减弱了近 10% 左右。而且这种势头还将继续。

  科学家说，这种现象并不罕见。在过去的数十亿年中，地球磁场曾多次发生翻转，这可以在地球岩石中找到大量证据。而他们在最近几十年中发展的电脑模拟系统，可以很好地演示这个翻转过程。美国加州大学的地球科学和磁场专家加里·格拉兹迈尔说："我们可以在岩石上看到翻转的情形，可是岩石不会告诉我们为什么。电脑模拟系统能说明这一切。"这一系统就是格拉兹迈尔和他的同事保尔·罗伯兹共同研发的。从地质记录来看，地球磁场平均大约每 20 万年翻转一次，不过时间也可能相差很大，并不固定，上一次磁场翻转是在 78 万年前。

  专家认为，地球磁场来自地球深处的地心部分。固体的地心四周是处在熔解状的铁和镍液体。地心在金属液中的运动，产生了电流，形成了地球磁场。而该磁场屏蔽了宇宙射线，主要是太阳风暴对地球的袭击，保护了地球

NENG YANZHENG DE KEXUE

生命的延续。科学家发现，火山岩浆凝固时，其中的铁总是按磁场方向排列。专家把这一现象称为地球动力学，地球磁场是由地球动力支配的，他们根据这一理论发展的电脑模拟系统发现，地心周围的液体物质，总是处在不稳定的状态，以非常缓慢的速度转动，一般大约每年移动一度。然而在受到某种干扰时，这个速度会变得越来越快，使原有的磁场偏离极地越来越远，最后发生南北极互换的现象。

美国约翰·霍普金斯大学的地球物理学家皮特·奥森正在严密关注地球磁场的变化。他说，随着时间的推移，我们能够追踪到它的轨迹。就像飓风预报一样，我们会知道翻转现象什么时候发生。

几万年来，蜜蜂、鸽子、鲸鱼、鲑鱼、红龟、津巴布韦鼹鼠等动物一直依赖先天性的本能在磁场的指引下秋移春返，一旦磁场消失，它们的命运很难预测。

植物知识小实验

一、大豆炸弹

实验材料和用具：大豆、带软木塞的瓶子。

实验步骤：

1. 在一个瓶子里放满大豆，倒进水，用软木塞盖紧。

2. 把瓶子放入一个大纸袋里，把袋口折叠起来，然后把纸袋放在一个安全温暖的地方，让瓶子直立。

3. 大约四天之后，再小心地打开纸袋，看看软木塞有什么变化？

干的种子在水中吸水膨胀，能产生相当大的力，这个力向瓶子四面八方推动，当然也推向软木塞，直到把塞子弹开。种子的这种力量甚至能使坚硬的岩石裂开。如果你的铝制水壶扁了，可以用这个办法让它复原。

二、植物根细胞吸水原理实验

要理解植物根细胞吸水原理，首先必须要了解细胞膜是一种选择性半透膜的道理，我们可以用带微孔的玻璃纸来做几个实验达到这一目的。

1. 半透性试验

实验材料和用具：玻璃纸、20%硫酸铜溶液、镊子。

实验步骤：

（1）玻璃纸打微孔：找一张普通玻璃纸，擦干净后平铺在大碗或大碟子里，倒进一些20%浓度的硫酸铜溶液，要浸没玻璃纸，然后在室温为10～20摄氏度下，浸泡一小时；20%的硫酸铜溶液能把玻璃纸腐蚀成许多肉眼看不见的小洞洞。

（2）用镊子从硫酸铜溶液取出玻璃纸（硫酸铜有些毒性，不要用手取，以免误入嘴里）。用清水冲洗干净，半透膜就做成了。

（3）把番茄汁包在玻璃纸半透膜里，用线把膜袋口紧紧扎住，然后慢慢地放在盛有浓盐水的瓶子里，让半透膜袋悬在盐水中，进行观察。

不一会儿，看到半透膜袋明显地变瘪，这是番茄汁中的水分通过半透膜进入了浓盐水里造成的。这时候，你把膜袋取出来，再把它悬在另一个盛有清水的深盆里。不久，你又会看到半透膜袋慢慢地鼓了起来。这是因为水分通过半透膜进入到玻璃纸半透膜袋里来了。

植物根毛细胞的吸水跟这个道理完全一样。当土壤溶液的浓度小于细胞液的时候，根毛细胞就吸水；相反，根毛细胞就排水。

植物根细胞吸水原理

但是必须强调，细胞膜绝不是一种简单的、机械的半透膜。它的功能跟活细胞的生命活力有密切关系，一旦活细胞的生命活动受到阻碍或停滞了，细胞膜的半透性也会发生很大变化，甚至丧失半渗透能力。

2. 选择性实验

实验材料和用具：胡萝卜、软木塞、白糖或红糖水、小刀。

实验步骤：

（1）把一个胡萝卜的顶部切去，在切口面上用小刀挖一个圆孔，孔的大小要正好能塞紧一个软木塞（或橡皮塞）。

（2）从圆孔向下，把胡萝卜心里的肉挖出去，成一个长柱形的深坑。注意不要把胡萝卜捅穿——这是实验成败的关键之一。

（3）找一个刚好能把坑口塞紧的软木塞。在软木塞的中心地也钻一个小

孔，刚好能插进一根两头开口的玻璃管。

（4）在胡萝卜坑里灌满浓糖水（要用白糖或红糖，不能用葡萄糖）。塞上软木塞以后，糖水就进入玻璃管里，记下这时候玻璃管上的水位。然后，用熔化的蜡把软木塞封住，不能漏气——这是实验成败的关键之二。

（5）在一个干净的大玻璃或大口瓶里，装上干净的水，再把上面的一套装置放在水中，让玻璃管口露出水面。

大约十分钟左右，玻璃管中的液面慢慢上升。如果玻璃管比较短的话，一小时以后，糖水就会从玻璃管的上口溢出来。时间越长，溢出来的水越多。你尝一尝溢出来的水有甜味，再尝尝杯子里的水，一点甜味也没有。可见，杯子里的水透过胡萝卜，渗进了胡萝卜坑里，所以糖水会增加；然而胡萝卜坑里的糖水却没有进到杯子里去。

这是什么原因呢？秘密也在细胞膜上。胡萝卜的细胞膜就好像我们筛土用的筛子一样。筛子只允许小于筛孔的土粒通过，大于筛孔的土粒就过不去。像水和溶解在水里的食盐等无机物，它们的分子比较小，可以自由通过细胞膜，像白糖、红糖、淀粉、蛋白质等有机物，它们的分子大，就不能通过细胞膜。

那为什么胡萝卜细胞里的水不会倒流到杯子里面去呢？这是由第二种因素，即膜的两边溶液的浓度来决定的。如果细胞液的浓度大于外面溶液的浓度，外面的溶液里的水分就会渗进细胞里；如果细胞液的浓度小于外面溶液的浓度，细胞液里的水会就分流出去。杯子里的清水不含糖类等有机物质，所以水就很快渗进胡萝卜里去了。

在一般情况下，根毛细胞液的浓度总是大于土壤溶液的浓度，所以根里的水是不会倒流到土壤里去的！如果给花草树木及农作物施用太浓的肥料水时，植物体里的水就会倒流到土壤里，很快会打蔫甚至枯死。

三、植物的蒸腾

我们人类渴了，用嘴喝水，就能解渴。可是植物是用根"喝水"的，它的叶子"渴了"，该怎么办呢？下面这个实验能告诉你植物是如何喝水的。

实验材料和用具：绿叶、卡纸、油脂、玻璃杯。

实验步骤：

1. 在天竺葵（石蜡红）主茎上剪下一片绿叶，要连着叶柄的。

2. 把叶柄穿在一张 10cm 见方的卡纸中央的小孔里，再用油脂把小孔封住。

3. 找一对玻璃杯，其中一只装大半杯水，放在阳光下。

4. 用准备好的卡纸盖住杯子，使天竺葵叶子的叶柄插到水中。另一只杯子揩干后，倒扣在上面。

几小时后，上面杯子的壁上有许多小水滴！

我们来仔细分析一下，下面杯子里的水是不能通过卡纸上的小孔直接蒸发上去的，因为小孔已用油脂封住。唯一的通道是：由叶柄将水吸进叶片内，再通过叶片表皮的气孔蒸发到上面的杯子里去。天竺葵叶子在这个实验里表演了它的一个本领——蒸腾水分。蒸腾对各种植物来说是很

植物的蒸腾

重要的，水分从叶片上蒸发掉，根再从土里吸收水，是植物摄取营养的一种手段。

四、水分和无机盐运输途径

在上一个实验中，你亲眼看到了植物的导管，那么从根吸收来的水分和无机盐究竟是怎样通过导管输送到叶内的呢？要想了解这个问题，做完下面的实验就有答案了。

实验材料和用具：萝卜幼苗、红墨水。

实验步骤：

1. 把红墨水和水按 1：3 的比例混合备用。

2. 挖取一株生长良好的萝卜幼苗（幼苗有叶 3～4 片，叶长不超过 20cm 为宜），用清水洗净，将根浸入红墨水溶液中一小时左右，待叶片开始发红时取出（时间过长或过短都会影响实验效果），洗去根系的红色。

3. 将上述幼苗，放入装有酒精的烧杯中隔水加热，叶绿素便渐渐溶解在酒精里。待叶和幼茎脱去叶绿素变成黄白色时，即可取出观察。

此时可看到从根开始有几条清晰的红线，通过胚茎、叶柄、直达叶的主脉和侧脉。请你想一想这个实验说明了什么问题？然后绘一幅水分子和无机盐运输途径的示意图解。

五、往高处流的水

大多数高等植物里面的水，被根上的根毛吸进来以后，慢慢运到上面的

茎叶花果等部分，满足植物生长的需要。这就是水往高处流的典范。

下面我们先做个简易的实验，弄清其中的道理。

实验材料和用具：杨树枝条或芹菜、剪刀。

实验步骤：

1. 选择好一枝杨树枝条（或用芹菜），应该是无伤、无病、生长正常的健壮枝条，像铅笔那么粗正好。

2. 用剪刀把它从杨树上剪下来，立即插入盛有水的盆里或桶里。一定让切口浸泡在水里，这样可以防止空气从切口处进入植物导管而形成气栓，这是实验成败的关键。

3. 把枝条下部的老叶子摘掉一些，尖端只留三到七片叶子就行（大叶片留三四片，小叶片留六七片），

4. 把枝条放入水中，再把枝条的切口端再剪去一段（约 5～10cm），这样就可以保证切口处不会有空气进入导管了。

5. 向盛有大半杯清水的茶杯里加入一点红墨水（清水量的 1/20 左右即可），茶杯里的水很快变红了。这时候，把准备好的枝条，从水里取出来，立即插入茶杯的红水里。

6. 把茶杯放在向阳的窗台上。

两三个小时以后，你就会发现：杨树枝的叶片，从叶脉开始到整个叶片逐渐都变红了。同时你也能看到茶杯里的红水也减少了一些。很明显这红水是通过枝条上升到叶片的，再经叶片蒸发出去了。水分减少了，留在叶片里的红色颗粒也就越来越多，叶片的颜色就越来越深了。如果放在阴凉不通风的地方，水蒸发得慢，叶片要经过很长时间才能变红。

水沿着枝条上升到叶片，跟叶片的蒸腾作用有关。水分上升，是由于叶片的蒸腾作用，有个向上拉的力量。蒸腾作用强，拉力就大，水在茎内运行就快，上面的实验就说明了这个问题。

1735 年，植物生理学家德拉贝士用有色的液体来培育花，或把植物枝条放在有色的液体中进行实验，证明了叶片具有蒸腾作用。

六、能保持水土的植物

目前，世界上发生水土流失的地方很多。大家都知道水土流失能通过广泛种植树木、花草等植被来改善，那么你知道这样做有什么科学依据吗？

做完下面的这个实验，你就知道了。

实验材料和用具：木板、塑料饮料瓶、铁钉、脸盆、花草、黄土、水等。

实验步骤：

1. 在一块长约 350 毫米、宽约 250 毫米的长方形木板上，用 60 毫米宽的木板围成一个框架，再在木框一端安装两个高 200 毫米的支架。

2. 用铁钉在一个较大的塑料饮料瓶上钻三排均匀的小孔。

3. 将黄土呈斜坡状装入木框内，在一侧种上苔藓和杂草，另一侧裸露，什么也不种。培植两周左右，让植物成活。

保持水土的植物

4. 用砖头或小凳子将木框架起来，在木框两个开口处的下方摆两个脸盆，再把带孔的塑料饮料瓶装满水，放到支架下，用手转动塑料饮料瓶，让水流泻干净。

你会发现没种花草等植物一侧的土壤有很多被水冲到了脸盆里，而种了植物一侧的土壤被冲到脸盆里的极少。这就是植物的保持水土作用。

植物之所以具有保持水土的作用，是因为它的根可以使土壤形成团粒结构，它的叶可起缓冲作用，让流下的水的冲力减弱后才渗入土壤中。所以，裸露的土地易被雨水直接冲刷而流失。植树造林、种花种草是减少水土流失的最简单易行的好办法。

七、仙人掌净水

仙人掌是我们常见的室内盆栽植物，它具有小型、耐旱、管理简便而观赏价值又高的特点，非常好养。除了观赏，它还有很多作用，下面的实验就给你介绍一种很奇特的用法。

实验材料和用具：仙人掌、小刀、杯子。

实验步骤：

1. 取一块新鲜的仙人掌，把它用小刀割三五道口子，稍微用力揉压一下，使其流出液汁。

2. 用这块仙人掌，在一杯浑浊的水里慢慢搅动二三分钟，当水里出现蛋花状的凝聚物时停止搅动。

3. 待杯子里的水静止五分钟后，观察杯中的水。

你会发现，水里的蛋花状凝聚物沉淀到水底，杯内原本浑浊的水变得澄清了。这个小实验说明仙人掌中的液汁有净化水的作用。

这是为什么呢？原来，仙人掌的液汁中有一些黏液，那是凝胶物质，具有吸附作用。当凝胶物质吸附了浑水里脏东西就不能够保持原来在液汁中与水分的平衡分散状态了，而是聚成一团沉积了下来，浑水就变得澄清了。

八、制氧工厂

绿色植物进行光合作用时会放出氧气，所以被人们称为"天然的制氧工厂"。现在你来动手建造一个你自己的"制氧工厂"吧！

实验材料和用具：水草、一个透明药水瓶、一个能套在药水瓶口上的小瓶和一个玻璃缸。

实验步骤：

制氧工厂

1. 把透明的药水瓶、能套在药水瓶口上的小瓶和玻璃缸洗净。

2. 往药水瓶里灌水，塞进几棵水草（如金鱼藻），再放在玻璃缸里。往缸里倒水，使水面超过药水瓶口约1cm。

3. 用手按住灌满了水的小瓶，将瓶倒置进玻璃缸，套在药水瓶口上。注意在套的过程中，应该等小瓶瓶口浸入水面后再放开手。

4. 把装置好的玻璃缸放在阳光下，你会看到，不断有气泡进入小瓶，直到小瓶里的水都被挤了出去。

5. 用手按住小瓶，将它取出。

6. 把带有火星但没有火焰的草纸卷塞进小瓶，草纸卷马上会燃起明火，这说明小瓶里收集的是氧气。

第二天可以重复实验一次，不过这次把玻璃缸放在暗角里，傍晚你去看小瓶，依然装满了水。如果水草会说话，它会对你说："没有阳光，制氧工厂停产一天。"

光合作用

　　光合作用，即光能合成作用，是植物和某些细菌，在可见光的照射下，经过光反应和碳反应，利用光合色素，将二氧化碳（或硫化氢）和水转化为有机物，并释放出氧气（或氢气）的生化过程。光合作用是一系列复杂的代谢反应的总和，是生物界赖以生存的基础，也是地球碳氧循环的重要媒介。

　　植物之所以被称为食物链的生产者，是因为它们能够通过光合作用利用无机物生产有机物并且贮存能量。通过食用，食物链的消费者可以吸收到植物及细菌所贮存的能量，效率为10%～20%左右。对于生物界的几乎所有生物来说，这个过程是它们赖以生存的关键。而地球上的碳氧循环，光合作用是必不可少的。

光合作用的发现历程

　　直到18世纪中期，人们一直以为植物体内的全部营养物质，都是从土壤中获得的，并不认为植物体能够从空气中得到什么。

　　1771年，英国科学家普利斯特利发现，将点燃的蜡烛与绿色植物一起放在一个密闭的玻璃罩内，蜡烛不容易熄灭；将小鼠与绿色植物一起放在玻璃罩内，小鼠也不容易窒息而死。因此，他指出植物可以更新空气。但是，他并不知道植物更新了空气中的哪种成分，也没有发现光在这个过程中所起的关键作用。后来，经过许多科学家的实验，才逐渐发现光合作用的场所、条件、原料和产物。1864年，德国科学家萨克斯做了这样一个实验：把绿色叶片放在暗处几小时，目的是让叶片中的营养物质消耗掉。然后把这个叶片一半曝光，另一半遮光。过一段时间后，用碘蒸气处理叶片，发现遮光的那一半叶片没有发生颜色变化，曝光的那一半叶片则呈深蓝色。这一实验成功地证明了绿色叶片在光合作用中产生了淀粉。

1880 年，美国科学家恩格尔曼（1809～1884）用水绵进行了光合作用的实验：把载有水绵和好氧细菌的临时装片放在没有空气并且是黑暗的环境里，然后用极细的光束照射水绵。通过显微镜观察发现，好氧细菌只集中在叶绿体被光束照射到的部位附近；如果上述临时装片完全暴露在光下，好氧细菌则集中在叶绿体所有受光部位的周围。

恩格尔曼的实验证明：氧是由叶绿体释放出来的，叶绿体是绿色植物进行光合作用的场所。植物利用阳光的能量，将二氧化碳转换成淀粉，以供植物及动物作为食物的来源。叶绿体由于是植物进行光合作用的地方，因此叶绿体可以说是阳光传递生命的媒介。经过关于光合作用的实验，可得结论：

1. 绿叶在光下可以制造淀粉，并释放氧气。

2. 绿叶制造淀粉需要二氧化碳作为原料。

3. 绿叶制造淀粉只能在有绿色的部分进行，此外水也是制造淀粉必须的原料。

化学知识小实验

一、碘酒的颜色哪里去了

人们会在皮肤肿处涂上的碘酒，开始是深紫色的，可是过了几天颜色就会全部消失了。碘酒的颜色哪里去了呢？

若想知道碘酒颜色的去向，让我们先做一个实验吧。

实验材料和用具：碘颗粒、玻璃管。

实验步骤：

1. 找一个装药片的小玻璃管，洗净后烘干。

2. 取高粱米粒大的碘放进小管底部，用镊子夹住放在火焰上加热。当出现紫色的气体后，将一干净的小玻璃片放在管口上，停止加热。

这时就会发现，这种气体遇冷后并没有变为液体，在玻璃片上凝结成一堆暗黑色的、有光泽的晶体。这证明碘具有升华的性质。

了解了碘的这种性质，我们就会明白，涂在皮肤上的碘酒颜色的消失，是由于碘酒里的碘在体温的作用下，逐渐升华的缘故。

二、彩蝶双双

实验材料和用具：明矾、硫酸铜、铬酸钾、重铬酸钾、烧杯、玻璃棒或竹筷、铁丝。

实验步骤：

1. 取四个烧杯，倒入热水。分别往四个杯中逐次放入明矾、硫酸铜、铬酸钾和重铬酸钾，并用玻璃棒或竹筷搅拌，一直到固体物质不能再溶解为止。

2. 用四根铁丝弯成四只"蝴蝶"，悬挂在制得的溶液中间。随着饱和溶液温度的下降，上述四种物质的晶体便不断地凝积在铁丝上，于是白色、深蓝色、黄色和橙色的四只蝴蝶就逐渐形成了，毛绒绒的非常美丽。

注意，因为铬酸钾和重铬酸钾都是重金属盐，有剧毒，切不能入口，做完实验后要认真洗手。

这个实验的原理很简单，明矾、硫酸铜、铬酸钾和重铬酸钾在水中的溶解度随着温度的上升而增加，也随着温度的降低而减少。因此在热水中很容易溶解，并且会很快达到饱和。当放进冷铁丝弯的蝴蝶后，温度开始下降，于是溶解度也随之减小，晶体开始析出，便逐渐凝积在铁丝上了。这个实验成败的关键，在于选好药品。对于温度稍有下降，而物质的溶解度就会下降很多的药品，做这个实验效果最好。

根据溶解度和温度的关系，化学工业部门往往把一些不纯的物质溶解在某种溶剂中，利用降低温度或蒸发的办法，进行重结晶而获得纯净的物质。

三、化学水波

实验材料和用具：琼脂、碘化钾。

实验步骤：

1. 取 0.1 克琼脂（俗称洋菜），加到 20 毫升水中，加热使琼脂全部溶解，再往里面加入 10 毫升 0.1mol/L 碘化钾溶液。混合均匀后，把溶液倒在一个培养皿内（或者用其他平底的玻璃器皿代替），溶液高度约 3 毫米。

2. 琼脂溶液冷却后，即凝结成透明的胶冻，这时在培养皿的中心位置把一颗胶

化学水波

粒大小的硝酸铅固体轻轻地放在胶冻上面（注意只要放在胶冻的浮面上就可以了，不必把它压到胶冻里面去）。

3. 不久，你就会看到，白色的硝酸铅固体与胶冻内的碘化钾反应产生黄色的碘化铅，它既非一般的沉淀，也不是闪闪发亮的结晶，而是以硝酸铅晶体为中心，形成了许多同心的圆环。

这一奇异的化学反应就好像往水面上扔下一块石子以后，水面上就产生了以石子为中心的无数个往外扩散的水波，所以称这一现象为"化学水波"。

做好本实验的关键在于胶冻内所含的琼脂的量要合适。琼脂的含量太多，硝酸铅在胶冻内扩散得太慢，形成的环太密；如果琼脂含量太少，又使硝酸铅扩散得太快，生成的环有点模糊。由于本实验中所用的琼脂只有 0.1 克，不易称准，如果试验效果不太理想，可适当增减琼脂的用量，以便把实验做好。

四、无火加温

一提起热，往往就使人们想到火焰。但在下面的实验中，温度就不是从火焰中获得的。

实验材料和用具：氢氧化钾、小试管、温度计。

实验步骤：

取一支小试管，注入 5 毫升室温水，放入一支实验用温度计。取一个酒杯，放入 10 克氢氧化钾，再倒入 10 毫升清水，然后把盛室温水的小试管放入酒杯中，温度计的水银柱就会很快地上涨。水温可以增加十几度。

10 克氢氧化钾和 10 毫升水混合后，怎么就能使水温升高呢？原来氢氧化钾晶体溶于水时，它的固态分子机械地扩散到水里面以后，立刻和水分子发生水合作用。而这个化学过程是放热的，所以使整个溶液的温度升高了。在热的传导作用下，小试管里的水温也就升高了。

应该指出，并不是所有的固体物质溶解都放热，如硝酸铵、氯化铵等溶解在水中就是吸收热量的，能使水温降低。固体物质溶解是一个较复杂的过程，往往是吸热和放热两种反应都有。物质的溶解是个物理过程，物质的分子或离子向溶剂里扩散的运动是需要吸收热量的；但紧接着这个物理过程，就发生另一个过程，形成水合分子或水合离子的过程，这个过程叫化学过程，在这个过程中往往是放热的。那么，固体在溶解时到底是能使水温升高还是降低呢？这就要由固体在溶解过程中，是物理过程为主，还是化学过程为主来决定了。在上面这个实验中，氢氧化钾在溶解时，化学过程产生的热量大于物理过程吸收的热量，所以，能使水温升高；如硝酸铵等溶解时物理过程所吸收的热量大于化学过程所放出的热量，就使水的温度降低了。

五、烧不坏的布

我们知道卫生球能够升华，现在我们来做另外一个实验，看看它的另外一个性质。

实验材料和用具：棉布、卫生球。

实验步骤：

取一小块棉布，蘸上水后放在桌面上，将击碎了的卫生球放在上面。然后擦着一根火柴，将放在棉布上的卫生球点着，待火焰熄灭后，将布块拿起来看，布块仍然完好无损。

布块为什么没有丝毫被烧坏的痕迹呢？因为卫生球的成分是一种有机物——萘。它是由易燃物质碳、氢两种元素组成的，又具有升华性质。把它放在棉布上点燃时，升华和燃烧就同时发生，虽然萘的蒸气在燃烧的时候放出大量的热，但同时发生的升华现象，要吸收热量，还有一部分热量要消耗在升高萘蒸气，达到燃点使萘燃烧上面。所以，和棉布接触部分的温度是比较低的，再加之浸过水的棉布又要吸收大量的热，使水变成蒸汽，因此，总共消耗的热量就更多了。这样一来，火焰的温度就被降低，甚至远远低于棉布的燃点，所以棉布一点也不会被烧坏。

根据这个原理，还可以做一个简单有趣的实验。取一个卫生球（不要击碎），用一块新棉布紧紧地包好，用镊子夹住，然后用火柴点燃小布包。小布包就会着起来（不要让火着的时间太长，就让它熄灭），观察一下布，布并没有被烧坏。

六、热盐

把一粒食盐拿在手中，并没有烫的感觉，热是从哪里来的呢？

实际上，盐在一定条件下不仅可以产生"热量"，而且还能把雪融化了呢！我们可以做个实验观察一下。

实验材料和用具：平的盒盖、雪、精盐。

实验步骤：

冬天，找一个用过的香脂盒盖，盛上雪后，放在外面（不要拿进室内）。然后，往盒盖里的雪上边均匀地洒上精盐面。过一会儿，盒盖里的雪就融化了（室外气温在零度左右效果更好）。奇怪，为什么没有热感的食盐，反到能把冰冷的雪融化了呢？

这是由于盐和雪的混合物的冰点，远远低于纯水的冰点的缘故。我们知道，纯水的冰点，在通常情况下为零度，可是食盐饱和溶液的冰点将近

－21°。雪是水以固态存在的一种形式，当它和食盐混合以后，这种食盐溶液的冰点，就不是零度而是大大低于零度了，所以雪就融化了。

利用这个原理，在盛夏冰镇食物的冰块上撒一些食盐，冰点就会降低到－21°。在工业上，利用这个道理来做专业的冷冻剂。

七、酒和水的变换

这里的小实验是一个可以表演的小魔术，它利用了一种化学原理。做完实验看看你能不能知道是哪个原理呢？

实验材料和用具：酚酞、醋、氨水、酒杯。

实验步骤：

把 1 克酚酞溶解在 50 毫升酒精中，加入等量的水，就成为一种指示剂。再准备一些醋和稀释的氨水（3 滴氨水加 350 毫升水），就可以来表演了。

准备几个小酒杯，有的杯中滴上 10 滴指示剂；有的杯中滴上 15 滴醋，如醋的浓度低就多滴几滴；有的杯中不放任何东西。稀释的氨水是无色透明的，用它充当水。把它倒入有指示剂的杯中，水就变成一杯红色的"酒"了；把它倒入有醋的杯中仍是一杯"水"。

你想变几杯酒，或是全变成"水"都可以。只要记住酚酞溶液遇到含碱溶液会变成红色；酸碱中和之后，红色溶液又会变成无色透明的液体。这就是这个实验的原理，你知道了吗？

八、豆子萌发的养料

一个豆子发芽、生长需要什么样的条件，下面的实验将告诉你。

实验材料和用具：蚕豆、花盆、塑料袋。

实验步骤：

1. 把浸过水的蚕豆种在小花盆里，浇上水。

2. 将花盆套进塑料袋，把袋口扎牢，放在暗角里。

豆子萌发

一周至十天后，你会看到叶子长出来了，但还是不必打开塑料袋，也不必浇水，只要把盆移到阳光下就行了。蚕豆在盆里继续生长，到秧苗有七八厘米高的时候，若再不打开袋口，蚕豆就会死掉了。

原来，种子萌发时，依靠种子里贮藏的养料，自己并不制造养料，因此不需要很多空气；原来浇的水被塑料袋封住，又不易蒸发。于是它就在袋里顺利地生长、发芽。但长到七八厘米高的时候，它的养料工厂要开工了，就需要更多的水分和二氧化碳。你再不打开袋口，它就将枯萎了。

九、黑色发面

听到"黑色发面"这个名词，你一定会感到奇怪。谁不知道发面是黄白色的，哪里来的"黑色发面"呢？如果你不信，下面的实验就能马上做一盆"黑色发面"。

实验材料和用具：蔗糖、烧杯、玻璃棒、浓硫酸。

实验步骤：

将 10 克蔗糖研细后，放在一个 50 毫升烧杯中（也可以放在一个玻璃瓶中），再在蔗糖中加几滴水，用玻璃棒把研细的蔗糖调成糊状，然后往烧杯中加入 5 毫升浓硫酸，立即用玻璃棒把它们搅匀，并把玻璃棒插在烧杯的中央。这时，可以看到"黑面"开始"发"了，比起做白面馒头的发面，"发"得快多了。不一会儿，在烧杯中就堆起了"黑色发面"，它还带一点甜味和焦味呢！也很像一个"炭粉面包"。

原来浓硫酸具有很强的吸水性，可以将很多有机化合物，如 = 糖（$C_{12}H_{22}O_{11}$）、纤维素（$C_6H_{10}O_5$）$_n$ 中的水吸掉，糖中的水分被吸去后，就变成了碳：

$$C_{12}H_{22}O_{11} = 12C + 11H_2O$$

生成的一部分碳又和浓硫酸起作用：

$$C + 2H_2SO_4 = 2SO_2 \uparrow + CO_2 \uparrow + 2H_2O$$

这里 SO_2、CO_2 和水蒸气一直使碳的体积膨胀成为多孔性的"发面"。这"黑色发面"和普通发面不同的地方是：普通发面是淀粉通过酵母的作用，产生 CO_2 把面发起来的；而"黑面"则是通过浓硫酸的强吸水性，由 SO_2、CO_2 和水蒸气把"面"发起来。"黑色发面"虽然不能吃，但是通过这一实验，增添了我们的知识，也不能算一无所获。

知识点

结 晶

热的饱和溶液冷却后，溶质以晶体的形式析出，这一过程叫结晶。即原子、离子或分子按一定的空间次序排列而形成的固体，叫结晶体。

溶质从溶液中析出的过程，可分为晶核生成（成核）和晶体生长两个阶段，两个阶段的推动力都是溶液的过饱和度（溶液中溶质的浓度超过其饱和溶解度之值）。晶核的生成有三种形式：即初级均相成核、初级非均相成核及二次成核。在高过饱和度下，溶液自发地生成晶核的过程，称为初级均相成核；溶液在外来物（如大气中的微尘）的诱导下生成晶核的过程，称为初级非均相成核；而在含有溶质晶体的溶液中的成核过程，称为二次成核。二次成核也属于非均相成核过程，它是在晶体之间或晶体与其他固体（器壁、搅拌器等）碰撞时所产生的微小晶粒的诱导下发生的。

延伸阅读

降温结晶的原理

结晶方法一般为两种，一种是蒸发结晶，一种是降温结晶。我们介绍一下降温结晶的原理：

先加热溶液，蒸发溶剂成饱和溶液，此时降低热饱和溶液的温度，溶解度随温度变化较大的溶质就会呈晶体析出，叫降温结晶。例如：当 NaCl 和 KNO_3 的混合物中 KNO_3 多而 NaCl 少时，即可采用此法，先分离出 KNO_3，再分离出 NaCl。

降温结晶后，溶质的质量变小；溶剂的质量不变，溶液的质量变小；溶质质量分数变小；溶液的状态是饱和状态。其原理为：

1. 降温结晶的原理是温度降低，物质的溶解度减小，溶液达到饱和了，多余的即不能溶解的溶质就会析出。蒸发结晶的原理是恒温情况下或蒸发前后的温度不变，溶解度不变，水分减少，溶液达到饱和了即多余的溶质就会析出。例如盐碱湖夏天晒盐，冬天捞碱，就是这个道理。

2. 如果两种可溶物质混合后的分离或提纯，谁多，容易达到饱和，就用谁的结晶方法，如氯化钠中含有少量的碳酸钠杂质，就要用到氯化钠的结晶方法即蒸发结晶，反之则用降温结晶。

3. 溶解度曲线呈明显上升趋势的物质，其溶解度随温度变化较大，一般用降温结晶，溶解度曲线略平的物质，其溶解随温度变化不大，一般用蒸发结晶。

4. 氢氧化钙和气体除外，因为其溶解度曲线为随温度升高而降低，所以采用冷却热饱和溶液时，应降温，其余方法相同。

与结晶相伴随的往往还有过滤。这里介绍两种常见的过滤方法：

（1）常压过滤，所用仪器有：玻璃漏斗、小烧杯、玻璃棒、铁架台等。要注意的问题有：在叠滤纸的时候要尽量让其与玻璃漏斗内壁贴近，这样会形成连续水珠而使过滤速度加快。这在一般的过滤中与速度慢的区别还不太明显，当要求用热过滤时就有很大的区别了。比如说在制备 KNO_3 时，如果你的速度太慢，会使其在漏斗中就因冷却而使部分 KNO_3 析出堵住漏斗口，这样实验效果就会不太理想。

（2）减压过滤，所用仪器有：布氏漏斗、抽滤瓶、滤纸、洗瓶、玻璃棒、循环真空泵等。要注意的问题有：选择滤纸的时候要适中，当抽滤瓶与循环真空泵连接好后用洗瓶将滤纸周边润湿，后将要过滤的产品转移至其中（若有溶液部分要用玻璃棒引流）。

生活知识小实验

一、会飞的卫生球

当你到商店去买卫生球时，就会闻到一股樟脑的气味。不过现在市售的这些卫生球，不是用樟脑做的，而是用一种从煤焦油中提炼出来的物质"萘"做成的。这种东西虽然没有翅膀，但它会飞。

下面我们做一个实验，来观察一下。

实验材料和用具：卫生球、铁盒。

实验步骤：

取几颗卫生球，砸碎后放在一个铁盒里，把铁盒放在火上慢慢加热。

在一个烧杯中注入冷水，用手拿着放在铁盒的上边（要保持3~5厘米的距离）。过一会儿，铁盒中的卫生球就都飞到烧杯底上去了，所不同的，原来是碎块，飞到杯底上的却变成了粉末。

卫生球真的飞起来了吗？原来萘有升华的性质。这个实验便是萘的升华现象。卫生球受热后，萘由固态直接变成气态，蒸气上升后遇到温度较低的杯底，就又由气态直接凝成粉末状的固态，聚集在杯底上。

萘的升华现象，不仅在加热的时候会发生，就是在常温的情况下也十分容易发生，只是比较缓慢罢了。把新买的卫生球放在衣服箱子里，过一个夏天就变小了，把衣服拿出来，带有卫生球气味。这就是由于萘的升华作用，使萘的分子飞离卫生球表面，沉积在衣服上的缘故。

萘的主要来源是煤焦油，但这样分离出来的萘含有大量杂质，往往需要精制。在工业上就是采用升华的办法去掉萘中的杂质，这样获得的萘，纯度可达98.5%～99.5%。

萘有驱虫作用，夏天在衣服箱子里放上几颗卫生球，衣服就不会生虫子了。

二、木炭吸附实验

实验材料和用具：木炭、塑料眼药水瓶、蓝墨水、玻璃瓶、小刀等。
实验步骤：

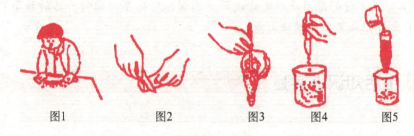

图1   图2   图3   图4   图5

木炭吸附实验

1. 将木炭研成粉末。
2. 用小刀切去塑料眼药水瓶的瓶底。
3. 将炭粉装入眼药水瓶并压实。
4. 在一杯水中挤入几滴蓝墨水，使水变成蓝色。
5. 用另一个眼药水瓶吸满兑稀的蓝墨水，逐渐加入到盛有炭粉的眼药水瓶中。你会看到，从盛有炭粉的眼药水瓶滴下的"蓝墨水"蓝色消失了，流出的水是无色的。

这是因为，木炭具有很强的吸附能力，当蓝色墨水流进炭粉层时，蓝色的色素被炭吸收，这时流出的液体也就变为无色的了。也因为这个原因，木炭常常被用来吸附色素和有毒气体。

三、泡菜实验

实验材料和用具：泡菜坛、带皮的萝卜条、食盐、糖、各种蔬菜。
实验步骤：
1. 选用小口的坛子或大玻璃瓶当做泡菜坛，当然，如果你愿意去商店

买一个泡菜坛那就更好了。要注意，容器得洗得干干净净，尤其不能有碱和油。

2. 把刚烧开的水灌进坛内，直到坛子的 2/3（如果是玻璃瓶，就要灌凉开水）；再放进食盐（0.5 公斤水加 50 克盐就行了）和一匙白糖，让它们溶化在水中。

3. 等到水凉了加入洗干净的带皮的萝卜条，把容器盖上。如果是泡菜坛，不要忘记在口沿里加上水。

两三天以后，夹出一块萝卜条来尝尝，如果酸了，你的泡菜卤就算做好了。如果还不酸，可以再加点糖进去，盖上盖子再等一两天。

泡菜卤做好了，就可以往里面加你想吃的各种蔬菜了。如果你能吃辣，就放进几个辣椒，没有鲜的，干辣椒也可以。放点嫩姜和花椒进去，味道就会更好。从放进生的菜到取出来吃，一般要两三天。天气热的时候，时间短些，天冷时就要长些。皮厚的菜时间长些，嫩的菜泡的时间要短些，白菜叶子就更不能泡久了。不同的蔬菜也应该采取不同的加工方法，比如泡柿子椒，要先摘去柄和挖出籽，洗净凉干，再用牙签扎一些小洞；蒜苗洗净后要掐成小段；豇豆可以扎成捆。因为生的菜上可能会有寄生虫卵，所以应该仔细洗干净以后再泡。

按照这种方法，可以泡一些，吃一些，常换菜。换一次菜，应该往里加一些盐。并注意取菜时用干净的筷子，取完以后赶紧盖上盖，泡菜卤就可以连续使用下去，而且泡出的菜越来越好吃。

泡菜为什么会酸而带香味呢？

这是因为泡菜卤里有酵母菌和乳酸菌。泡菜的酸味，主要就是乳酸菌的贡献。乳酸菌能把蔬菜里的糖、淀粉变成乳酸。乳酸菌还可以产生出乙醇和醋酸等化合物，这些化合物彼此起作用，会形成许多种有香味的物质，使泡菜带有特殊的香味。乳酸菌是一种微需氧微生物，在氧气不多的情况下，它能大量繁殖，使泡菜卤很快变酸了，所以坛子加盖之后跟外界空气隔绝了，照样生长得很好。坛子里其他有害的或使蔬菜腐败的细菌，在氧气很少又比较酸的环境下很难长起来，这就使泡菜成为贮存鲜菜的一种方法了。乳酸不仅能够保护蔬菜中的维生素，而且它本身就是对人体有益的一种物质。所以泡菜是一种既富于营养又很卫生的美味食品。

有时候泡卤上会浮起一层白膜，这是泡菜卤中的酵母菌长起来了。这时候的泡菜就不好吃了，在里面加点白酒，白膜可能就会消失，如果除不掉，这种卤就只好倒掉了。注意白酒不可加得太多，否则连酸细菌也会被消灭了。防止生白膜的好办法是勤加新鲜菜，因为新鲜菜加进去以后，坛子里的氧气能够较快地减少。

总之，泡菜的成败关键是能否让乳酸菌大量生长起来。只要你掌握好加进的糖量，控制好氧气量，并且严格消毒，不让别的细菌和油污混进去，你就可以连续不断地吃到亲手做的泡菜了。

四、手心上的窗口

现在介绍一个视觉错觉实验。

实验步骤：

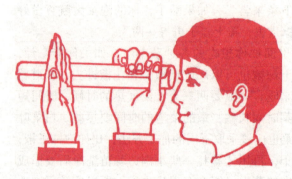

手心上的窗口

把一张纸卷成直径约二三厘米的纸筒，用右手拿纸筒放在右眼上。左手的手心向里，靠近纸筒壁，放在左眼前面。这时候，你睁开双眼向前看，你会发现左手心上出现了一个圆孔！

毫无疑问，你看到的不过是幻像，因为人的两只眼睛一般只能产生一个映像，你用左眼右眼分别看不同的东西时，你的大脑很自然地把两个映像重叠在一起，所以左手上会"出现"一个洞。这也是眼睛会产生错觉的一个例证。

五、用鲜奶做酸奶

实验材料和用具：半斤鲜奶、奶锅、白糖、带盖的容器（饮水杯、茶杯、茶缸、罐头瓶等皆可）

实验步骤：

1. 把鲜奶放入小奶锅，加入一两匙白糖，煮开以后，盖上锅盖，凉到35摄氏度左右（即不烫手）。

2. 把温奶倒入一个预先准备好的、并用开水烫洗过的、洁净带盖的容器（饮水杯、茶杯、茶缸、罐头瓶等）里。

3. 加入两三匙买来的酸奶作为菌种，而且搅匀后盖严实。

4. 用毛巾或棉絮把容器包起来，放在30摄氏度的环境中（暖气片旁边或炉灶旁边）发酵。一般情况下发酵8小时，奶汁便凝固并产生酸香味。

这时候酸奶就做成了。你可以把它放进冰箱或冷水中冷却，吃起来就更加可口了。

六、用奶粉做酸奶

在缺少鲜奶的地方，也可以用奶粉来做酸奶。

实验材料和用具：全脂奶粉、白糖、奶锅、带盖的容器（饮水杯、茶杯、茶缸、罐头瓶等皆可）。

实验步骤：

取50克全脂奶粉，加40克白糖，用500毫升水调成甜奶汁，然后放入小奶锅煮开以后，取下奶锅，盖上盖，凉到不烫手的时候，就可以倒入准备好的容器里，加入两三匙酸奶作为菌种。发酵时间也是8小时左右。

用含糖的速溶全脂奶粉做酸奶，奶粉用量要多一些，糖量要少一些，其他过程前述完全一样。

需要注意的是：不管用哪种方法做酸奶，自制的酸奶也可以当做菌种。不过连续使用两三次后，就需要换用买来的酸奶做菌种了。

为什么要换用菌种呢？因为买来的酸奶里加进了人工培养的"乳酸菌"的纯菌种。这种菌在奶里生长繁殖的时候，能够把奶里的乳糖变成乳酸而使奶产生酸味；它还能够把奶里的蛋白质分解成各种氨基酸而使奶产生芬芳滋味，从而提高了奶的营养价值。这样，做成的酸奶里就繁殖了大量的乳酸菌，可以用来当做菌种。但是在自制酸奶的过程中，由于消毒灭菌不严格，难免带进杂菌。经过一次又一次接种，杂菌数量会不断增加，所以为了保证自制酸奶的质量，必须换用纯菌种。

七、除去红、蓝墨水迹的方法

如果你不小心将红、蓝墨水，红、蓝色圆珠笔油或盖图章用的红、蓝色印油弄在衣服上，是很难用肥皂或洗衣粉洗净的。这时可以用酸性高锰酸钾溶液除去这一类污渍。

高锰酸钾是家庭中常用的消毒剂，很容易从药店里买到。用时须把它配成0.1M溶液（重量百分浓度约为2%），还要在溶液里加硫酸，这样便配成了酸性高锰酸钾溶液（每10毫升高锰酸钾溶液加几滴浓硫酸）。然后把酸性高锰酸钾溶液滴在污渍处，红、蓝墨水等污渍就会消失。

为什么高锰酸钾溶液能褪色呢？因为红、蓝墨水，印油和圆珠笔油都是用染料配成的，而红、蓝色染料都是有机化合物，容易被高锰酸钾氧化，变成无色的物质。

在红、蓝墨水等污渍消失以后，上面会留下过剩的高锰酸钾溶液，它是紫色的。如果不把它除掉，则会在衣服上造成新的污渍。除去高锰酸钾的办

法是在上面滴几滴3%过氧化氢溶液（可用医用的双氧水），它具有还原性，能把紫色的高锰酸钾还原为无色的硫酸锰：

$$2KMnO_4 + 5H_2O_2 + 3H_2SO_4 = K_2SO_4 + 2MnSO_4 + 5O_2\uparrow + 8H_2O$$

最后，在衣服上的污渍被除去以后，还要用清水把衣服洗一下，以除去衣服上残留的化学药品。

这个方法也可以用来除去纸上的红、蓝墨水等污渍，但不适合于除去衣服上和纸上的蓝黑墨水的污渍。因为蓝黑墨水的污渍中除了含有蓝色染料以外，还有三价铁盐，它不能与高锰酸钾发生反应，而要用亚硫酸钠等具有还原性的物质把它除去。

八、眼睛的盲点

很多时候，是不能完全相信眼睛看到的东西。做了下面的关于视觉的实验，你就会相信了。

实验步骤：

用左手遮住左眼，用右眼注视图中的小鹿，不断改变右眼跟小鹿之间的距离，大约在二十多厘米处，你看不见图右侧的黑点。过近或过远时黑点又会再现。

眼睛的盲点

眼睛能看见东西全靠视网膜上的视神经。但视神经的汇集处是看不见东西的，这一点叫盲点。当你注视小鹿时，在一定距离处黑点的影像正好落在盲点上，所以使你感到图上的黑点好像不存在了。

九、水下"盒"爆炸

在水杯里放入一个小纸盒（包），会噼噼啪啪炸出很多水花来。下面我们来做一下这个实验。

实验材料和用具：跳跳糖、薄纸、玻璃杯、清水。

实验步骤：

准备一包"跳跳糖"，用薄纸一小块，在铅笔上卷一个小纸筒，不用浆糊粘，将底边多出的部分向内折叠压紧，把纸筒从铅笔杆上拔下来，作成一个圆筒形无盖有底的小纸盒，把跳跳糖的颗粒倒入纸盒里，将上口收拢捏一下，不必捏得太紧。倒一杯清水，最好用无条纹的平面玻璃杯。将装有跳跳糖的小盒投入水中，用铅笔压一下让它下沉，当水渗透到薄纸包里接触了跳跳糖就会发生"爆炸",水花四溅还发出噼噼啪啪的小声响,看上去非常有趣。

跳跳糖遇着水后会有强大的吸水性,在吸水过程中自身迅速分裂,好像跳起来一样,用纸包住它,再让它渗透水分,就控制了吸水过程,加大它的爆发力量,以它的跳动力量再去冲击水,便会产生水花溅起的现象。

知识点

升 华

物质由固态直接变成气态的过程叫升华,升华过程中需要吸热。

有些物质在固态时就有较高的蒸气压,因此受热后不经熔化就可直接变为气态,冷凝时又直接成为固体。固体物质的蒸气压与外压相等时的温度,称为该物质的升华点。在升华点时,不但在晶体表面,而且在其内部也发生了升华,作用很剧烈,易将杂质带入升华产物中。为了使升华只发生在固体表面,通常总是在低于升华点的温度下进行,此时固体的蒸气压低于内压。

人类对升华现象认识得很早,西晋(4世纪)时葛洪在《抱朴子内篇》中即记载有:"取雌黄、雄黄烧下,其中铜铸以为器复之……百日此器皆生赤乳,长数分。"这一段话描述了三硫化二砷和四硫化四砷的升华现象。明朝李时珍著的《本草纲目》(1596年)载有将水银、白矾、食盐的混合物加热升华制轻粉(氯化亚汞)法。

生活中的升华现象:1. 冬天,冰冻的衣服变干(温度低于0℃,冰不能熔化,消失的本质是冰逐渐升华为水蒸气了)。2. 白炽灯用久了,灯内的钨丝比新的细。3. 雪人逐渐变小。4. 衣箱中的樟脑丸变小。5. 碘受热升华为紫色的碘蒸气。6. 用干冰制舞台上的雾、用干冰人工降雨。

延伸阅读

贵城实验的故事

长期以来,由于雷电的破坏性很大,人们都有一种恐惧的心理。当时有许多人把雷电视为"上帝之火"，认为是天神发怒的结果。美国科学家富兰克林却不相信这种说法。为了搞清楚雷电是不是一种放电现象，以及空中的闪电和由人工摩擦而生的电是否具有相同的性质，富兰克林进行了历史上著名的"费城实验"。

　　1752年7月一个雷雨交加的天气，在美国费城郊外一间四面敞开的小木棚下，富兰克林和他的儿子威廉将一只用丝绸做成的风筝放上了天空，企图引下天空中的雷电。风筝顶端缚了一根又尖又细的金属丝，作为吸引电的"先锋"；中间是一段长长的绳子，打湿以后就成了导线；绳子的末端系上充作绝缘体的绸带，绸带的另一端则在实验者的手中。在绳子和绸带的交接处，挂了一把钥匙，作为断路器。为了避免吸引下来的电通过实验者造成触电，手中的绸带必须保持干燥，这就是富兰克林躲在小木棚下的原因。

　　伴随着一道长长的闪电，富兰克林看到风筝引线上的纤维丝纷纷竖立起来。他心里一阵高兴，禁不住把左手伸过去想抚摸一下。这时"哧"的一声，在他的手指尖和钥匙之间跳过一个小小的火花，富兰克林只觉得左半身一麻，手不由己地缩了回来。"这就是电！"他兴奋地叫喊道。

　　"费城实验"的结果，令人信服地证明，天空中的闪电和地面物体摩擦产生的电属于同一种物理现象，天电和地电的性质是一样的。不久，富兰克林写了一篇《论闪电和电气的相同》的论文，寄给英国皇家学会，希望他观察到的现象和实验结果能引起应有的重视。当富兰克林的论文在皇家学会的会议上宣读时，引起的只是嘲讽和怀疑，因为"大学者"们不相信，科技落后的美洲的一个小人物居然比他们还有能耐。但是，富兰克林的观点有观察和实验做基础，任何权威也否认不了。正如他自己所说："我所说的都是实验的描写，任何一个人都能复试和证明，如果不能证明，也就无法辩护。"过了不久，其他科学家也成功地重复了富兰克林的"费城实验"。胜于雄辩的事实使欧洲科学界开始承认富兰克林的研究成果，后来还接纳他为英国皇家学会的会员。

　　在"费城实验"成功的基础上，富兰克林思考着怎样才能使高大树木、高大建筑物避免雷电的袭击。在以后的实验与研究中，富兰克林成功地设计了世界上第一套避雷装置"避雷针"，从而极大地减轻了雷电给人类带来的危害。

验证性小实验

　　验证性小实验是指对某一研究对象有了一定了解，并形成了一定认识，为验证这种认识的正确性而进行的一种实验。它注重实验的结果，可以加深对研究对象的深刻理解。这一章我们介绍的验证性小实验，许多是书本外的拓展小实验，希望青少年朋友们能从中受到教益。

有关空气的验证

一、空气也有重量

　　实验材料和用具：一根长约一米的细竹片、小钻、细线、小纸盒、沙子或米粒。

　　实验步骤：

　　1. 在竹片的两端和中间各钻一个小孔，用一条细线穿过中间的小孔，把这个竹片悬挂起来。

　　2. 在竹片一端的小孔上吊一个气球，另一端吊一个小纸盒，在小纸盒内放入少

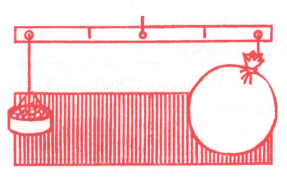

空气也有重量

许沙或米粒，直到竹片平衡，如图所示。

现在使气球放气。你会看见，因为气球放了气，小纸盒往下坠了。

这个实验证明空气是有重量的。在标准状态下，一升空气的重量是1.29克（即长、宽、高都是10厘米的容积里，空气的重量是1.29克）。

二、氧气有多少

实验材料和用具：广口瓶、盘子、蜡烛。

实验步骤：

准备一个广口瓶，一个较深的盘子，一小段蜡烛。在盘中装满水后，把蜡烛放在一块小木板上，点燃后，让它漂在水面上，然后把广口瓶倒扣在烧着的蜡烛上。

过了一会，蜡烛就熄灭了，这时候瓶里的水面比盘里的水面高了。而高出来的那部分水的体积大致就是被消耗掉的氧气的体积，约占瓶内空气体积的1/5。

瓶内的氧气帮助蜡烛燃烧，于是在瓶内形成了部分低压状态，而瓶外的气压没有变，水就被压进瓶内。压入的水的体积，大致等于被消耗的氧气的体积。

三、跳进跳出的小球

实验材料和用具：玻璃杯、乒乓球。

实验步骤：口对口地平拿着两个玻璃杯，两个杯子的距离不能太大。在一个玻璃杯里，放一只乒乓球，用嘴往这两个玻璃杯的中间用力吹气，你会发现，吹一下，球就会从原来的玻璃杯里跳到另一个杯里，再吹一下，球又跳回原来的玻璃杯中，不断地用力吹气，球就会在两个玻璃杯里不断地跳来跳去。

这是因为气体的流速越快，它侧面的压力越小，乒乓球就是被你吹出的气流"吸"得跳来跳去的。

四、吹气球

实验材料和用具：透明塑料饮料瓶、大号儿童玩具气球各一个，医用一次性输液管一段（带上原装滚轮开关）。

实验步骤：

1. 用烧热的铁丝在瓶下部烫一个圆孔，孔径与输液管相同，将带滚轮开关的一段输液管插入其中1mm左右，再用万能胶粘好。

2. 将气球装入瓶内，气球口径反套在瓶口上即可。

3. 先将开关关上，吹气球，尽管用了很大的力气，但是气球不过大了一点儿。这表明，一定质量的封闭气体，在等温过程中，体积变小时，压强要增大。（即波义耳－马略特定律）

吹气球

4. 打开开关，再吹，气球很容易就胀大了。若将开关关闭，就会出现意外的现象，气球虽然敞着口，但是并不缩小。

5. 这时，打开开关，气球就慢慢缩为原状。用嘴在气门（即输液管）处吸气，又出现使人惊奇的现象：虽然没有吹气球，但气球自动胀大了。

第4步和第5步两种情况生动表明大气压的存在和作用。

6. 打开开关，将瓶浸入热水中加热，然后关闭开关，置入冷水中降温。会发现气球稍微胀鼓起来。这表明一定质量的封闭气体，在压强不变时，温度降低，体积要缩小（即盖·吕萨克定律）。

五、可以倾倒的气体

实验材料和用具：大理石颗粒、10%稀盐酸。

实验步骤：

1. 在一个细口瓶中放十几粒大理石（主要成分是碳酸钙），再加入浓度10%的稀盐酸，瓶里就有二氧化碳气泡产生。

2. 用一个插有弯玻璃管的塞子把瓶子塞紧，用杯子收集二氧化碳气体。

3. 把点燃的火柴放在杯口，如果火柴灭了，说明二氧化碳已收集满，马上用纸把杯子盖住。

4. 在一个大杯里点燃一段蜡烛，拿盛有二氧化碳的杯子像倒水一样把二氧化碳气倒入大杯中，可以看到蜡烛慢慢地熄

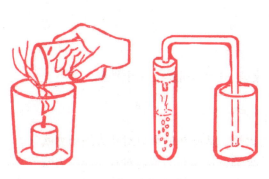

可以倾倒的气体

灭了。

因为二氧化碳比空气重，所以能够"倾倒"。二氧化碳既不能燃烧，也不能助燃，它充斥在火焰周围把空气和燃烧物隔开，因此蜡烛就会熄灭。

六、冲不走的小球

实验材料和用具：乒乓球。

实验步骤：拿一只乒乓球，放在水龙头下边的地面上。打开水龙头，让水形成一股均匀的细流，调节小球位置，使它正好处在水柱正中。这时候，球不会被冲走，只在原地滚动。

这是因为水流使附近空气的流动速度加快，根据伯努利定理，气流加速，空气的压力就会减弱。这样，它周围的空气压力相对比较大。大气压力把乒乓球推向压力较小的水流区域，所以小球就在原地滚动。

七、铁锈与氧气

实验材料和用具：橡皮筋、钢丝棉、铅笔、深盘子、玻璃杯。

实验步骤：

1. 用橡皮筋把一团钢丝棉绑在一支铅笔的末端，把它放在水中浸湿。

2. 在一只深碟子中倒满水，把铅笔和钢丝棉放在碟子上并且用玻璃杯扣住。

3. 经过几天的时间，钢丝棉开始生锈，同时杯中的水位变得比碟子里的水位高了。

其实，钢丝棉生锈的过程也就是被氧化的过程，在这个过程中要不断地消耗杯中空气里的氧气，这就使杯子中的气压逐渐减小，杯外的大气压力就把水压入杯内。

八、吹不灭的蜡烛

实验材料和用具：1根蜡烛、火柴、1个小漏斗、1个平盘。

实验步骤：

1. 点燃蜡烛，并固定在平盘上。

2. 使漏斗的宽口正对着蜡烛的火焰，从漏斗的小口对着火焰用力吹气。

3. 使漏斗的小口正对着蜡烛的火焰，从漏斗的宽口对着火焰用力吹气。

你会看到，从漏斗的小口吹气时，火苗将斜向漏斗的宽口端，并不容易被吹灭。如果从漏斗的宽口端吹气，蜡烛将很容易被吹灭。这是因为，吹出的气体从细口到宽口时，逐渐疏散，气压减弱。这时，漏斗宽口周围的气体由于气压较强，将涌入漏斗的宽口内。因此，蜡烛的火焰也会涌向漏斗的宽口处。而气体从宽口到细口则是相反的，气流积聚得更强，容易把蜡烛吹灭。

提示：注意蜡烛燃烧时的安全。

九、氢气肥皂泡

许多同学都玩过吹肥皂泡的游戏，这里介绍的是吹出能够飞上天的氢气肥皂泡。由于氢气易燃易爆，所以这个小实验应由老师在现场指导下操作。

实验材料和用具：带有翻口橡皮塞的 250 毫升盐水瓶一只、圆珠笔芯、细橡皮管（常用于自行车气门芯的那种）、生石灰、石碱、碎香皂、塑料漏斗、碎铅片。

实验步骤：

1. 在盐水瓶的橡皮塞上钻一个小孔，插入一根用圆珠笔芯剪成的塑料管，在塑料管露在瓶塞外面的一端套一根约 20 厘米长的细橡皮管，一个简易氢气发生器就做成了。

2. 找一块重约 5 克的生石灰和一块差不多大小的石碱，同时投入一大碗水里（约 300 毫升），

氢气肥皂泡

用竹木筷子搅和。过一会儿，用瓷汤勺将上层澄清的水溶液舀起，小心地灌进盐水瓶里（最好用一个塑料漏斗）。注意，这种溶液有一定的腐蚀性，如果沾在皮肤上或家具上，应马上冲洗干净。

3. 准备一些浓肥皂液：将一些碎香皂放在热水里溶化，同时加入一些松香细末和砂糖，这样配置的皂液吹出肥皂泡不容易破。

4. 把一些碎铝片投入盐水瓶里，然后塞紧橡皮塞。铝片可剪取铝质易拉罐皮，用砂纸打磨掉涂层后再剪成碎屑，或剪几小段铝芯电线，抽出芯线使用。铝片与上述溶液发生化学反应，就能产生氢气。

冷天可将盐水瓶浸在 60℃～70℃的热水盆里（切不可用火加热），细橡

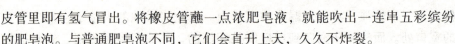
皮管里即有氢气冒出。将橡皮管蘸一点浓肥皂液，就能吹出一连串五彩缤纷的肥皂泡。与普通肥皂泡不同，它们会直升上天，久久不炸裂。

十、制造云雾

这个实验是教你自己制造云雾的，试试看吧！

实验材料和用具：一个大铁罐、一个小铁罐、一些冰或雪、食盐。

实验步骤：

1. 把小铁罐放进大铁罐里。

2. 把食盐和冰块（或雪）按3∶1的比例配制好，放进小铁罐与大铁罐之间的空隙里。

3. 等到小铁罐里的空气冷却下来时，对着小铁罐吹几口气，把水蒸气给带进小铁罐里去。然后用手电筒照射小铁罐，你会很清楚地看到你自己制造出来的云雾。

其实，这是因为由于小铁罐里的温度很低，水汽凝结成了小水滴，就形成了淡淡的云雾。

知识点

空　气

空气，构成地球周围大气的气体。无色，无味，主要成分是氮气和氧气，还有极少量的氖、氦、氙、氩、氪、氡等稀有气体和水蒸气、二氧化碳和尘埃等。常温下的空气是无色无味的气体，一般当空气被液化时二氧化碳已经被清除掉，因而液态空气的组成是20.95%氧，78.12%氮和0.93%氩，其他组分含量甚微，可以略而不计。液态空气为淡青色液体。密度约0.9。沸点-192℃（101.3千帕，760毫米汞柱），可用钢筒贮存和运输。广泛用做氧气的来源。将空气压缩，并冷却至低温，再使之膨胀而得。

空气不是地球的特产，在行星上均有空气的分布，只是在太阳系形成时其他行星上的氧气被太阳风给吹走了，只留下了几种空气，地球上的空气因有臭氧的保护而没被吹走。

延伸阅读

空气成分的探索过程

地球的正常空气成分按体积分数计算是：氮占 78.08%，氧占 20.95%，氩占 0.93%，二氧化碳占 0.03%，还有微量的稀有气体，如氦、氖、氪、氙等占 0.03%，臭氧、氧化氮、二氧化氮占 0.01%。

在远古时代，空气曾被人们认为是简单的物质，在 1669 年梅猷曾根据蜡烛燃烧的实验，推断空气的组成是复杂的。德国史达尔约在 1700 年提出了一个普遍的化学理论，就是"燃素学说"。他认为有一种看不见的所谓的燃素，存在于可燃物质内。例如蜡烛燃烧，燃烧时燃素逸去，蜡烛缩小下塌而化为灰烬，他认为，燃烧失去燃素现象，即：蜡烛－燃素＝灰烬。然而燃素学说终究不能解释自然界变化中的一些现象，它存在着严重的矛盾。第一是没有人见过"燃素"的存在；第二金属燃烧后质量增加，那么"燃素"就必然有负的质量，这是不可思议的。1774 年法国的化学家拉瓦锡提出燃烧的氧化学说，才否定燃素学说。拉瓦锡在进行铅、汞等金属的燃烧实验过程中，发现有一部分金属变为有色的粉末，空气在钟罩内体积减小了原体积的 1/5，剩余的空气不能支持燃烧，动物在其中会窒息。他把剩下的 4/5 气体叫做氮气（原文意思是不支持生命），在他证明了普利斯特利和舍勒从氧化汞分解制备出来的气体是氧气以后，空气的组成才确定为氮和氧。

空气的成分以氮气、氧气为主，是长期以来自然界里各种变化所造成的。在原始的绿色植物出现以前，原始大气是以一氧化碳、二氧化碳、甲烷和氨为主的。在绿色植物出现以后，植物在光合作用中放出的游离氧，使原始大气里的一氧化碳氧化成为二氧化碳，甲烷氧化成为水蒸气和二氧化碳，氨氧化成为水蒸气和氮气。以后，由于植物的光合作用持续地进行，空气里的二氧化碳在植物发生光合作用的过程中被吸收了大部分，并使空气里的氧气越来越多，终于形成了以氮气和氧气为主的现代空气。

空气是混合物，它的成分是很复杂的。空气的恒定成分是氮气、氧气以及稀有气体，这些成分所以几乎不变，主要是自然界各种变化相互补偿的结果。空气的可变成分是二氧化碳和水蒸气。空气的不定成分完全因地区而异。例如，在工厂区附近的空气里就会因生产项目的不同，而分别含有氨气、水蒸气等。另外，空气里还含有极微量的氢、臭氧、氮的氧化物、甲烷等气体。灰尘是空气里或多或少的悬浮杂质。总的来说，空气的成分一般是比较固

NENG YANZHENG DE KEXUE

定的。

由于地球有强大的吸引力，使80%的空气集中在离地面平均为15千米的范围里。这一空气层对人类生活、生产活动影响很大。人们通常所说的大气污染指的就是这一范围内的空气污染。空气是地球上的动植物生存的必要条件，动物呼吸、植物光合作用都离不开空气；大气层可以使地球上的温度保持相对稳定，如果没有大气层，白天温度会很高，而夜间温度会很低；大气层可以吸收来自太阳的紫外线，保护地球上的生物免受伤害；大气层可以阻止来自太空的高能粒子过多地进入地球，阻止陨石撞击地球，因为陨石与大气摩擦时既可以减速又可以燃烧；风、云、雨、雪的形成都离不开大气；声音的传播要利用空气；降落伞、减速伞和飞机也都利用了空气的作用力；一些机器也要利用压缩空气来进行工作。

有关气压的验证

一、空气的压力

空气是有压力的。它时刻都对我们周围的一切东西施加着压力，包括我们的身体。可以用一个最简单的办法，来证明空气压力的存在。

实验材料和用具：气球、漏斗。

实验步骤：

剪一块气球胶皮，将它紧紧地绷在一只漏斗的大口上。你从漏斗的小口处吸气，注意胶皮发生的变化。然后，使漏斗朝着上、下、左、右不同方向，重复这个实验。

你会看到：当吸气时，胶皮向里凹；无论漏斗朝着什么方向，都会产生同样的结果。使胶皮向里凹的，正是空气压力。

当你吸去漏斗中的一部分空气时，胶皮外侧的空气压力就会大于内侧的压力。因此，胶皮被压，向里凹。漏斗朝不同方向的结果都是

空气的压力

这样，说明空气在各个方向都有压力，而且大小都是相等的。

科学家们用实验证明：在海平面上，1 平方厘米的面积，空气压力大约为 10 牛。

二、冒汗的鸡蛋

实验材料和用具：鸡蛋、注射器。

实验步骤：

1. 请你找一个完好的鸡蛋，将它洗干净。

2. 在鸡蛋的一端刺一个小眼，用注射器将蛋白和蛋黄抽出来，再往蛋壳里注入红墨水。

3. 用空注射器从小眼往里打进空气。这时你会发现，蛋壳上有很多一点一点红色的小水珠，好像"冒汗"似的，有趣极了。

为什么会这样呢？这是由于蛋壳表面有无数小孔，它是空气进出的门户，称为气孔。鸡蛋孵化成小鸡时，壳内的小鸡胎儿进行呼吸的空气，就是从气孔中进出的。有人估计：一个鸡蛋上有 7000 多个小气孔。用注射器注射空气时，较大的压力将蛋中的红墨水从各个气孔中挤出来，形成了鸡蛋"冒汗"的现象。

三、手指阀门

实验材料和用具：有盖的铁皮罐、钉子。

实验步骤：

1. 找一个有盖的铁皮罐，要求盖上盖子后不漏气。在罐子底部用钉子扎三个小孔，在盖子上扎一个小孔。

2. 把整个罐子浸入水中，等水充满罐子后，用示指按住盖上的小孔，把罐子从水中拿出来。这时候，罐子里一点水也流不出来。松开示指，三股细水就从罐底流出来，手指重新按住盖上的小孔，水又不流了。

手指阀门

这是什么原因呢？原来，盖上的小孔没有堵住的时候，罐子上下水面受大气压力的大小是一样的。罐子里的水因重力作用从底下三个小孔流出。堵住盖上的小孔，这时候空气无法进入罐内，罐子上方水面不受大气压力影响，而罐子下方大气压力超过了罐内水的重力，所以罐内的水就流不如来了。

四、筷子的神力

实验材料和用具：塑料杯一个、米一杯、竹筷子一根。

实验步骤：

1. 将米倒满塑料杯。

2. 用手将杯子里的米按一按。

3. 用手按住米，从手指缝间插入筷子。

4. 用手轻轻提起筷子，杯子和米一起被提起来了。

这是由于杯内米粒之间的挤压，使杯内的空气被挤出来，杯子外面的压力大于杯内的压力，使筷子和米粒之间紧紧地结合在一起，所以筷子就能将盛米的杯子提起来。

五、杯子抓气球

实验材料和用具：气球 1~2 个、塑料杯 1~2 个、暖水瓶 1 个、热水少许。

实验步骤：

1. 对气球吹气并且绑好。

2. 将热水（约70℃）倒入杯中约多半杯。

3. 热水在杯中停留 20 秒，把水倒出来后立即将杯口紧密地倒扣在气球上。

4. 轻轻提起杯子，可以看到气球被杯子抓起来了。

其实，用热水处理过的杯子，随着杯子里的空气渐渐冷却，压力变小，因此可以把气球吸起来。

六、瓶子瘪了

实验材料和用具：水杯 2 个、温开水 1 杯、矿泉水瓶 1 个。

实验步骤：

1. 将温开水倒入瓶子，用手摸摸瓶子，是否感觉到热。

2. 把瓶子中的温开水再倒出来，并迅速盖紧瓶子盖。

3. 观察瓶子慢慢地瘪了。

这是因为加热瓶子里的空气，使它压力降低。而瓶子外的空气比瓶子内的空气压力大，所以把瓶子压瘪了。

七、喷泉的秘密

这个实验将向你揭示喷泉的秘密。

实验材料和用具：带橡皮塞的大烧瓶、长管玻璃漏斗、尖嘴玻璃管。

实验步骤：

1. 在两个大烧瓶的橡皮塞上各打两个小孔，把一个长管玻璃漏斗穿过一个孔并接近瓶底（漏斗下接皮管也可以），瓶里盛一些水。

2. 把一根尖嘴玻璃管插进另一个盛满水的大烧瓶。

3. 两个塞子的另两个小孔各插一短玻璃管，相互用皮管连接，接口处必须密封好，整个装置如图所示。

只要往漏斗里灌水，尖嘴玻璃管就喷水，漏斗内的水漏完时，那边的喷泉也停止。如果把喷口弯一个角度，使喷出的水正好喷入漏斗，喷泉就能持续进行下去。

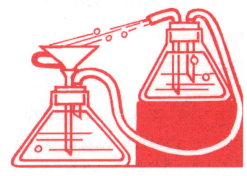

喷泉的秘密

原来，漏斗里的水进入烧瓶后，瓶内的空气受压，因为两瓶是相通的，另一瓶内的气压也相应增大，于是就把水从尖嘴玻璃管压出，形成喷泉。

八、有孔纸片托水

实验材料和用具：瓶子一个、大头针一个、纸片一张、有色水一满杯。

实验步骤：

1. 在空瓶内盛满有色水。

2. 用大头针在白纸上扎许多孔，然后盖住瓶口。

3. 用手压着纸片，将瓶倒转，使瓶口朝下。

4. 将手轻轻移开，可以看到纸片纹丝不动地盖住瓶口，而且水也未从孔中流出来。

讲解：

薄纸片能托起瓶中的水，是因为大气压强作用于纸片上，产生了向上的托力。小孔不会漏出水来，是因为水有表面张力，水在纸的表面形成水的薄膜，使水不会漏出来。这如同布做的雨伞，布虽然有很多小孔，仍然不会漏雨一样。

九、手帕的秘密

实验材料和用具：玻璃杯1个、手帕1条、橡皮筋1条。

实验步骤：

1. 用手帕盖住杯口，用橡皮筋绑紧。

2. 让水冲在手帕上。

3. 水流进杯子里约七八分满后关闭水龙头。

4. 杯口朝下，把杯子迅速倒转过来。

会发生什么现象呢？你马上就可以看到，水并没有流出来。这是因为大气压的关系，你能详细地说明原因吗？

知识点

气　压

气压是作用在单位面积上的大气压力，即等于单位面积上向上延伸到大气上界的垂直空气柱的重量。著名的马德堡半球实验证明了它的存在。气压的国际制单位是帕斯卡，简称帕，符号是Pa。

表示气压的单位，习惯上常用水银柱高度。例如，一个标准大气压等于760毫米高的水银柱的重量，它相当于一平方厘米面积上承受10牛的大气压力。由于各国所用的重量和长度单位不同，因而气压单位也不统一，这不便于对全球的气压进行比较分析。因此，国际上统一规定用"百帕"作为气压单位。

延伸阅读

气压的发现过程

1640年10月的一天，万里无云，在离佛罗伦萨集市广场不远的一口井旁，意大利著名科学家伽利略在进行抽水泵实验。他把软管的一端放到井水中，然后把软管挂在离井壁3米高的木头横梁上，另一端则连接到手动的抽水泵上。抽水泵由伽利略的两个助手拿着，一个是志向远大的科学家托里拆利，另一个是意大利物理学家巴利安尼。

托里拆利和巴利安尼摇动抽水泵的木质把手，软管内的空气慢慢被抽出，水在软管内慢慢上升。抽水泵把软管吸得像扁平的饮料吸管，这是不论他们怎样用力摇动把手，水离井中水面的高度都不会超过9.7米。每次实验都是这样。

伽利略提出：水柱的重量以某种方式使水回到那个高度。

1643年，托里拆利又开始研究抽水机的奥妙。根据伽利略的理论，重的液体也能达到同样的临界重量，高度要低得多。水银的密度是水的13.5倍，因此，水银柱的高度不会超过水柱高度的1/13.5，即大约30英寸（75厘米）。托里拆利把6英尺（180厘米）长的玻璃管装上水银，用软木塞塞住开口段。他把玻璃管颠倒过来，把带有木塞的一端放进装有水银的盆子中。正如他所预料的一样，拔掉木塞后，水银从玻璃管流进盆子中，但并不是全部水银都流出来。托里拆利测量了玻璃管中水银柱的高度，与他料想的一样，水银柱的高度是30英寸（75厘米）。然而，他仍在怀疑这一奥秘的原因与水银柱上面的真空有关。

第二天，风雨交加，雨点敲打着窗子，为了研究水银上面的真空，托里拆利一遍遍地做实验。可是，这一天水银柱只上升到29英寸（72.5厘米）的高度。托里拆利困惑不解，他希望水银柱上升到昨天实验时的高度。两个实验有什么不同之处呢？雨点不停地敲打着玻璃，他陷入沉思之中。一个新的想法在托里拆利的脑海中闪现。两次实验是在不同的天气状况下进行的，空气也是有重量的。抽水泵奥秘的真相不在于液体重量和它上面的真空，而在于周围大气的重量。托里拆利意识到：大气中空气的重量对盆子中的水银施加压力，这种力量把水银压进了玻璃管中。玻璃管中水银的重量与大气向盆子中水银施加的重量应该是完全相等的。

大气重量改变时，它向盆子中施加的压力就会增大或减少，这样就会导致玻璃管中水银柱升高或下降。天气变化必然引起大气重量的变化。

由此托里拆利发现了大气压力，找到了测量和研究大气压力的方法。这一新发现同时使托里拆利创立了真空的概念，发明了气象研究的基本仪器——气压计。

有关水的验证

一、拔水杯

在洗脸盆里盛一点水，拿一只玻璃杯倒扣在水里，杯内杯外的水面分不

出高低，都一样平。现在，做两个小实验，就可以使杯内的水面拔高一截。

实验步骤：

1. 拿一块沾过热水的毛巾，裹在玻璃杯上，过一会，就会看到有气泡溢出水面，等气泡不再外溢，把热毛巾拿走。过一会，杯内的水面就会上升，也就是被拔高了。

2. 还有一个办法，用瓶子夹着一小团棉花，沾一点酒精，把酒精点燃，用另一只手倒拿玻璃杯，用点燃的棉球，烘一烘杯内的空气，再迅速地把杯子倒扣在清水里，杯内的水面也会拔高。

这是什么道理？

这两种办法都是先把玻璃杯内的空气加热，使杯内空气膨胀密度变小。这时杯子扣在水中，等到杯子冷却以后，杯内空气的温度降低，杯内空气的压强减小，在杯外大气压强的作用下，杯内的水就要升高。

二、浮在水上的针

实验材料和用具：一碗水、针、叉子、液体清洁剂。

实验步骤：

1. 用一个叉子，小心地把一根针放到水的表面，慢慢地移出叉子，针将会浮在水面上。

2. 向水里滴一滴清洁剂，针就沉下去了。

其实，出现这种现象是由于水的表面张力的作用，使针不能沉下。表面张力是水分子形成的内聚性的连接。这种内聚性的连接是由于某一部分的分子被吸引到一起，分子间相互挤压，形成一层薄膜。这层薄膜被称做表面张力，它可以强大得托住原本应该沉下的物体。而清洁剂破坏了这种表面张力，使张力层变弱，针就浮不住了，沉下去了。

三、神奇的牙签

实验材料和用具：牙签、一盆清水、肥皂、方糖。

实验步骤：

1. 把牙签小心地放在水面上。

2. 把方糖放入水盆中离牙签较远的地方，你会看的牙签向方糖方向移动。

3. 换一盆水，把牙签小心地放在水面上，现在把肥皂放入水盆中离牙签较近的地方，你会发现牙签远离肥皂移动。

其实，当你把方糖放入水盆的中心时，方糖会吸收一些水分，所以会有很小的水流往方糖的方向流，而牙签也跟着水流移动。但是，当你把肥皂投入水盆中时，水盆边的表面张力比较强，所以会把牙签向外拉。

四、水珠放大镜

实验材料和用具：纸板、铝片、食用油或机油、小钉子。

实验步骤：

1. 在一块不大的纸板中央挖一个小圆孔，用一小块铝片盖住小孔，并粘在纸板上。

2. 用食用油或机油均匀地涂在铝片上，同时用一枚小钉子对准圆孔在铝片上穿个小洞。

3. 滴一滴水在圆孔上，这就是一架"放大镜"。

水珠显微镜

把一些胡椒粉或其他粉末撒在一张白纸上，然后平端着"放大镜"通过水滴观察那些粉末，并适当改变"放大镜"和白纸的高度，看看那些粉末能被放大多少倍？

由于水的表面张力，使小水滴形成一个小水珠，它起到了凸透镜的作用，因而使"放大镜"中的粉末被放大了。

五、纸片的浮沉

这个实验是要观察水的浮力。

实验材料和用具：一个两端开口的玻璃筒或塑料筒。

实验步骤：

1. 用硬纸片或塑料片挡住玻璃筒下端筒口，并且用手按住，竖直插入水里，松开手后，硬纸片并不下沉。

2. 用一只杯子把水沿筒边缓缓地倒入筒内，这时你会发现，当筒内水面接近筒外水面时，硬纸片就掉了下去。

原来，水是有压力的，它不仅对容器的侧面有压力，而且对容器的底面也有压力（各方压力的向上合力叫浮力）。水越深，压力越大。在同一深度，水对各个方向的压力都相等。当筒内水向下的压力超过了筒外底面水向上的压力时，硬纸片就掉下来了。

六、上升的水

实验材料和用具：玻璃板、火柴棍、文具夹。

上升的水

实验步骤：

1. 找两块干净的长方形玻璃板，在它们较长的一边竖直夹一根火柴棍，用文具夹把两块玻璃尽量夹紧。

2. 把它们竖直放在一个盛水的盆子里。过一会儿，你会看到，在两块玻璃板中间出现了一条美丽的曲线。玻璃之间空隙最小的地方，水柱上升得最高。

曲线说明了什么呢？两块玻璃靠得最近的地方，相当于一根细管子，水遇细管就会沿管壁往上升，这叫做"毛细现象"。毛细管越细，液体上升越高。

七、越加越少

实验材料和用具：无色透明的玻璃瓶。

实验步骤：

1. 找一只无色透明的玻璃瓶（如果用玻璃试管效果更明显），装上一半水，再沿瓶壁慢慢地加入带有颜色的纯酒精（事先在酒精里加入一两滴蓝墨水），我们可以清楚地看到水和酒精的分界面。

2. 在瓶壁上用毛笔标出酒精液面的位置。

3. 用塞子把瓶口塞紧，上下用力摇动几次，使水和酒精充分混合。过一会儿，瓶里混合后的液体液面比混合前下降了，也就是说，混合后液体的体积比混合之前两种液体的总体积缩小了一些。

这是因为水和酒精充分混合后，由于水分子和酒精分子之间的引力比较大，它们之间的距离缩小，所以混合液的总体积也就减小了。

八、液体的密度

不同的液体有不同的密度，不同密度的液体是很难将其混合在一块儿的。一般说，密度大的液体总在下面，密度小的液体总在上面，这一点可以通过下面的实验来证实。

实验材料和用具：油、水、带软木塞的瓶子。

实验步骤：

向瓶中倒入少许油和水，其量相同。用软木塞盖好瓶子，用力猛烈摇晃。看起来水和油好像混合在一起了，但是，一放下瓶子，二者又分离开来，油不久就会浮在水面上。不管你在摇晃瓶子时用力多猛，你也绝不可能使它们溶合在一起。

试一下将其他一些液体混在一起会产生什么情况。假如它们的颜色相似，则用墨水掺放在中间以便区别。只要小心从事实验，完全有可能使瓶内充满各层颜色不同的液体。装瓶时让重质液体，如甘油，先进入瓶中。

九、沸腾的冷水

实验材料和用具：手帕、杯子。

实验步骤：

1. 准备大半杯水，用一块湿手帕覆盖在杯子上，在手帕中央摁一个凹坑。

2. 用右手掌使劲压杯口，把杯子里的空气挤出一点，接着把杯子连同手帕一起压住，并翻个身，使杯底朝上，如图所示。

3. 稍稍放松压住杯口的手，就会有水泡不停地向上冒，看起来杯中的水好像开了似的。

这是因为用手掌压杯口的时候，挤出了杯里的一点空气；当把杯子倒

沸腾的冷水

过来的时候，杯内的气压小于大气压力，杯子周围的空气通过湿手帕的间隙钻进杯内，你就会看到气泡不断从水底下冒上来。

十、水的电解

实验材料和用具：两只试管或管状玻璃瓶，两节 1.5 伏干电池，一个广口玻璃瓶，两小片铝片和一些导线、食盐。

实验步骤：

1. 在广口瓶中装大半瓶水，加半小勺食盐进行搅拌使盐溶解。

2. 把两只试管充满水后，用手指按住倒放在水中，并用胶布把试管固定在广口瓶口上。

3. 用一条短导线，把两节干电池串接起来。另用两根导线分别接在电池

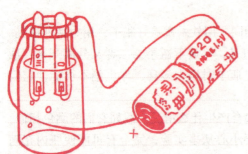
水的电解

串联后的正负极上，这两根导线的另两端绑两块小铝片，并浸入水中分别置于两个试管口内。

4. 电源接通以后，注意看两块铝片上，有小气泡冒出来，同时不断地把试管里的水排出。

5. 加点醋在水中，气泡会冒得快些。

6. 过一小时后，两个试管中都已收集到一些气体，这时把电池上的导线断开，先把其中一个试管取出来，管口向下，然后点燃一根火柴伸向瓶口，再用同样的方法对另一个试管进行试验。

你将发现，一个试管中的气体能使火柴的火焰更旺、更亮，这就是氧气；另一个试管只是"噗"地发出一个微弱的爆炸声，这个试管里收集到的是氢气。

水是由氧和氢组成的，每个水分子由两个氢原子和一个氧原子组成。电池里产生的电流通过水，使水分解为氢和氧。氧气能助燃，而氢气能自燃，所以用火去试验，就得到上述的结果。往水里加醋，是因为醋可以使水的导电性好些，分解的过程快一点。

十一、翻转杯子

实验材料和用具：一个玻璃杯、一张厚纸板。

实验步骤：

1. 将玻璃杯盛满清水，在杯口盖上厚纸板，右手托住杯底，左手按在厚纸板上，使掌心压住整个杯口；

2. 迅速把杯子倒转过来，然后左手离开厚纸板。

这时你会发现，杯子里的水像被厚纸板托住似的并没流出来。这是因为有看不见的大气压力在帮忙，杯子里盛满了水，倒置以后，厚纸板下面受到大气身上的压力，而且这个压力大于水的重量，所以杯子里的水就不会流出来。

十二、纸人潜水

实验材料和用具：硬纸、棉线。

实验步骤：

1. 用硬纸剪一个人形。

2. 拿一根普通的棉线，一端系在纸人的腰部，另一端用胶布粘在杯内的底上，让纸人悬挂在距杯底 1/3 杯高的地方。

3. 把杯子垂直倒放进盛满水的脸盆里，用手指捏住杯底，前后左右移动，这时你可以看见纸人在杯内晃动，身上一点也不湿。

纸人潜水

这是因为杯子里存在着空气，空气占据一定的空间，水就无法浸湿纸人了。

十三、水上浮字

这是一项小的表演项目，在一个白色水盆里能浮起各种毛笔字。

实验材料和用具：白色脸盆、清水、毛笔、墨汁、竹板、大葱。

实验步骤：

准备一块竹板，把竹皮表面打磨光洁，把大葱撕开，用葱白有葱汁的部分在竹板的光洁面来回擦几次，将葱汁涂在竹板表面，稍干后用毛笔蘸浓墨汁在涂有葱汁的竹板处写字，写什么字体都可以，稍干一会儿以后，把竹板平按入水中，按竹板时慢些，不要带起水波纹，然后慢慢地把竹板从水中斜向抽出来，黑字便一一漂浮在水面上，不散不乱。

之所以如此，是因为葱汁有黏性，在竹板上形成一层薄膜，能托住毛笔字浮在水面上。

十四、卫生球跳舞

实验材料和用具：玻璃杯、醋、小苏打、卫生球。

实验步骤：在一只玻璃杯中充水到将满时，加入两汤匙醋和 6～10 片小苏打，溶解后，放入几粒卫生球。把杯子放在一个安全的地方。过一两个小时后再看看，奇怪的事情发生了，这些卫生球在杯中上下舞动。仔细看那些卫生球，在它们表面附着很多小气泡。

因为卫生球比水密度稍大些，所以通常沉入水底。小苏打和醋作用产生出二氧化碳气体，在水中形成许多小气泡，附着在卫生球表面时就使卫生球升到水面，这时一部分气泡破裂了，于是卫生球又往下沉，直到附着上足够的气泡后才会重新升起来。

十五、水面绘画

利用水面的浮力可以画出"抽象派"图画。下面我们来做这个实验。

实验材料和用具：水盆、清水、浓墨汁、毛笔、小木棍、白纸。

实验步骤：

将水盆盛满清水，平放在桌上，用毛笔蘸浓墨汁滴在水面上，用小木棍将墨滴推开，让墨滴散乱成不规则的乱云形花纹，取一张白纸平放在水面上，再轻轻提出纸张，水面上的花纹画面就会翻印到纸上，凉干印好的纸张，再精心剪裁一下四边，就能出现类似山脉、云层等"抽象"画面。

为什么会这样呢？原来，水面平时总会有一层肉眼看不到的表面油脂，它可以把墨迹托起来，形成水平面印刷版，如果用油漆倒在水面上搅拌还可以在木板上印出假大理石花纹来。

知识点

液　体

液体是四大物质形态之一。它没有确定的形状，往往容易受容器影响。但它的体积在压力及温度不变的环境下，是固定不变的。增温或减压一般能使液体汽化，成为气体，例如水加温成为水蒸气。加压或降温一般能使液体凝固，成为固体，如将水降温成冰。

延伸阅读

水对人体的作用

水是生命的源泉。人对水的需要仅次于氧气。人如果不摄入某一种维生素或矿物质，也许还能继续活几周或带病活上若干年，但人如果没有水，却只能活几天。

人体细胞的重要成分是水，水占成人体重的60%～70%，占儿童体重的80%以上。水分有什么作用呢？

1. 人的各种生理活动都需要水，如水可溶解各种营养物质，脂肪和蛋白质等要成为悬浮于水中的胶体状态才能被吸收；水在血管、细胞之间川流不息，把氧气和营养物质运送到组织细胞，再把代谢废物排出体外，总之人的各种代谢和生理活动都离不开水。

2. 水在体温调节上有一定的作用。当人呼吸和出汗时都会排出一些水分。比如炎热季节，环境温度往往高于体温，人就靠出汗，使水分蒸发带走一部分热量，来降低体温，使人免于中暑。而在天冷时，由于水贮备热量的潜力很大，人体不致因外界温度低而使体温发生明显的波动。

3. 水还是体内的润滑剂。它能滋润皮肤。皮肤缺水，就会变得干燥失去弹性，显得面容苍老。体内一些关节囊液、浆膜液可使器官之间免于摩擦受损，且能转动灵活。眼泪、唾液也都是相应器官的润滑剂。

4. 水是世界上最廉价最有治疗力量的奇药。矿泉水和电解质水的保健和防病作用是众所周知的。主要是因为水中含有对人体有益的成分。当感冒、发热时，多喝开水能帮助发汗、退热、冲淡血液里细菌所产生的毒素；同时，小便增多，有利于加速毒素的排出。

5. 大面积烧伤以及发生剧烈呕吐和腹泻等症状，体内大量流失水分时，都需要及时补充液体，以防止严重脱水，加重病情。

6. 睡前喝一杯水有助于美容。上床之前，你无论如何都要喝一杯水，这杯水的美容功效非常大。当你睡着后，那杯水就能渗透到每个细胞里。细胞吸收水分后，皮肤就更娇柔细嫩。

7. 入浴前喝一杯水常葆肌肤青春活力。沐浴前一定要先喝一杯水。沐浴时的汗量为平常的两倍，体内的新陈代谢加速，喝了水，可使全身每一个细胞都能吸收到水分，创造出光润细柔的肌肤。

8. 需要指出的是，对老人和儿童来说，自来水煮沸后饮用是最利于健康的，目前市场上出售的净水器，净化后会降低水内的矿物质，长期饮用效果并不如天然水源。

水摄入不足或水丢失过多，可引起体内失水亦称为脱水。根据水与电解质丧失比例不同，分三种类型。（1）高渗性脱水：以水的丢失为主，电解质丢失相对较少。（2）低渗性脱水：以电解质丢失为主，水的丢失较少。（3）等渗性脱水：水和电解质按比例丢失，体液渗透压不变，临床上较为常见。

地球上的生命最初是在水中出现的。水是所有生命体的重要组成部分。人体中水占体重的70%；水是维持生命必不可少的物质，人对饮用水还有质量的要求，如果水中缺少人体必需的元素或有某些有害物质，或遭到污染水质，达不到饮用要求，就会影响人体健康。

 有关燃烧的验证

一、蜡烛的性质

蜡烛像其他任何东西一样，燃烧时需要氧。不过，它燃烧的化学过程较为复杂，它的火焰真像一间小型化学实验室呢！

蜡烛点燃后，一部分蜡熔化渗透入烛芯，烛火的热量将这些熔了的蜡变成气体，这种气体很快就燃烧起来，发出光和热。这时，如果将烛火吹熄，你能看到从烛芯冒出一道黑烟，缭绕而上。这道黑烟是由未经燃烧的气体形成的，它能变回一小滴一小滴的蜡，并仍然能燃烧。不妨做一个实验来证明这个道理。

实验材料和用具：蜡烛、火柴。

实验步骤：

用一支火柴把蜡烛点燃，火柴不要弄熄，拿在手里移向一边。随后用力将烛火一下子吹熄，烛芯顿时冒出一道黑烟来。这时，将仍在燃烧着的火柴移到离烛芯5厘米的黑烟的上方，火柴的火焰会噗地一声往下烧去，烛芯便重新着了起来。

蜡烛是由几种化合物组合而成的，这些化合物里面都含有碳元素。当蜡的分子在火焰的高热下分解的时候，形成了许许多多黑色的碳微粒。火焰的这种高热使这些微粒变成橙黄色，所以蜡烛点燃时就放出了橙黄色的光。通过实验我们可以收集到这些黑色的碳微粒。

把一小块薄铝片或铝纸对折起来，然后把它放到烛焰上烧几秒钟，再拿开，铝片上面便留下黑色的一层，这层东西就是碳原子。

蜡烛里面还有氢元素。当蜡的分子在火焰的高热下分解的时候，氢原子跑了出来。在这些氢原子跑到火焰的范围以外时，便与空气中的氧原子结合起来。你能猜到这时产生了什么化合物吗？做了下面这个实验，你就会明白。

把一只干的玻璃杯，口向下罩在烛焰上方一两秒钟，再用手指摸一摸杯子，里面就是要你猜的那种化合物——水。

二、冰块燃烧

要想用火柴去点着冰块，这是无论如何不会成功的。

实验材料和用具：电石、冰块、火柴。

实验步骤：

先在冰上放上一小块电石（碳化钙），如图所示。然后用火柴去点，那么，一块冰转眼之间就变成了一团火，看起来冰块好像已经在燃烧了。

其实，着火的并不是冰，而是另外的物质。火柴靠近冰的时候，总能使冰块有微量的融化，电石遇到水，就发生剧烈的化学反应而放出可燃的乙炔气（又叫电石气），这种气体遇火即燃。在乙炔气燃烧时，又使冰进一步融化，电石和更多的水反应，不断产生乙炔气，火焰也就越烧越旺，直到电石消耗完毕。

冰块燃烧

利用电石和水作用，是制取乙炔气的一种方法。乙炔在工业上有很大用途。乙炔和氧混合发生燃烧时，可产生3000℃以上的高温，氧炔焰常常用来切割和焊接金属材料。

乙炔最大的用途，是作为有机合成原料。我们现在用的塑料制品，如塑料皂盒，塑料雨衣，以及一些维纶织物等等的基本原料都是乙炔。乙炔和空气混合时，如乙炔含量为3%～70%，都可以发生强烈爆炸。

另外电石和水作用时，常常含磷化氢和硫化氢等杂质，特别是磷化氢更容易自燃，发生爆炸。所以，在生产乙炔的工厂和使用电石的部门，要特别注意安全。

注意：由于电石有极强的吸水性，一定要放在干燥处保存。

三、会鸣会跳的空罐头盒

一只空罐头盒，不与任何东西接触，怎么会响，又能自动地跳起来呢？可以通过下面的实验观察一下。

实验材料和用具：锌粒、化学中制取氢气的装置和材料、空罐头盒。

实验步骤：

1. 装一个简易的氢气发生器。在一只口径比较大的瓶子里放入十几颗锌粒（用干净的废电池皮也可以），然后配上一个带有弯玻璃管和漏斗的橡皮塞或软木塞，弯玻璃管用橡皮管和另一个玻璃管连接，漏斗要连接一个长度几乎能接触瓶底的玻璃管。

2. 做收集气体的准备工作。在一个用过的小铁罐头盒底部打一个毛衣针粗细的洞，用胶布粘住，装满水，倒放在盛满清水的盆子里，待用。

3. 制取氢气。制取氢气时，从漏斗处向装有锌粒的瓶子倒入浓度为20%的稀硫酸（加入酸的量，以能浸没锌粒为妥）。也可以用氢化钙和水反应，制取氢气。为了收集纯净的氢气，必须尽量赶跑瓶中原有的空气。因此，在收集氢气之前，首先要检验其中是否混有空气，或者等反应约进行一分钟以后，再把玻璃管伸入罐头盒内。由于氢气在水中的溶解度非常小，所以它进入罐头盒内能把水排出。等罐头盒里的氢气收满以后，立即用玻璃片封住盒口，从水中拿出来，倒放在桌子上。

4. 让罐头盒鸣跳。把氢气发生器移开后，就可以开始做实验了。把封盒口的玻璃片抽开，再把罐头盒的一边用小木块垫高一些，让它稍微倾斜。立刻把粘在盒底部的胶布撕掉，接着，用火柴在小洞附近点火。因为氢气比空气轻（空气的密度是氢的 14.38 倍），它会通过小洞逸出，遇到火就会燃烧。这时就可以听到鸣叫声，而且声音越来越响，随后罐头盒也会开始跳动起来。有时会在发出一声鸣响后，罐头盒飞得很高。

为什么会发生这种现象呢？主要是因为氢气在不同的条件下，燃烧的情况不同。开始罐头盒里充满纯净的氢气，它与火及空气接触的部分就发生了燃烧，我们看见罐头盒底部的小洞处产生了淡蓝色的火焰。随着氢气的燃烧，罐头盒里的氢气数量减少了，空气从垫起来的开口处进入盒内。由于气体的扩散作用，氢气和空气就迅速地混合起来。当达到一定的比例时，洞口的火焰就能使盒内的混合气体燃烧。因为氢气和气体混合得均匀，这个燃烧进行得就很快，出现爆炸现象，罐头盒的鸣叫声和跳动就是这种爆炸所引起的。如果混入的空气中的氧气体积和氢气体积之比恰好是 2：1 时，爆炸的力量就最大，发出响亮的爆鸣声，罐头盒也会飞起来，有时会飞起 1～2 米高。

氢气里混有空气或氧气时，遇火就会发生爆炸。因此，在做氢气实验时，氢气发生器必须远离火焰；开始产生的氢气，必须进行纯度检验，证实氢气已达到纯净时，才可以进行氢气的收集和点火。

检验时，用排水取气法（或用向下排气法）把氢气发生器里放出来的气体收集在试管里。把试管移开，点燃试管里的气体，直到没有尖锐的爆鸣声为止。这一条必须严格遵守。

四、烧不坏的手帕

你可以在闲暇时间表演这个实验，从朋友那里借一条手帕，把它浸入你自制的溶液中，取出后立即把手帕点着，火熄灭后，手帕完好无损。大家一定会惊愕万分。

秘密在溶液里，它是由两份酒精和一份水混合而成的。表演时挤掉过多的溶液，用镊子夹住手帕，把它点着。这时你会看到酒精在燃烧，而溶液中的水分仍留在手帕里，保持很低的温度。这样手帕本身就不会被烧坏了。做这个实验时一定要注意防火。

烧不坏的手帕

五、烧不断的麻绳

麻的主要成分是碳、氢、氧等元素。在加热时，借助于空气中的氧气，是很容易燃烧的。有什么办法能使它不燃烧呢？下面的这个实验就给你答案。

实验材料和用具：磷酸钾、新麻绳、3%明矾、空罐头瓶。

实验步骤：

在一个空罐头瓶内加上热水，然后放入磷酸钾（磷酸钾、磷酸钠等可溶性的磷酸盐都可以），制成较浓（约30%左右）的溶液，再把一尺左右长、毛衣针粗细的新麻绳放在制得的溶液中浸透，取出后晾干。把晾干了的麻绳浸在浓度为3%的明矾（硫酸铝钾）溶液里，浸透后再取出晾干。这样，这根绳任凭你放在火上烧，怎么烧也不会断的。

为什么麻绳浸过磷酸钾和明矾溶液以后就烧不断了呢？从上面的实验中我们知道，燃烧是一种比较常见的化学反应。在通常情况下，燃烧必须具备三个条件：一是可燃性物质；二是支持燃烧的氧；三是达到着火点的温度。

因为磷酸钾和明矾都不是可燃性物质，它们不能支持燃烧。把麻绳浸在用这两种物质制得的溶液里，磷酸钾和硫酸铝钾的分子就沉积在纤维的外面，形成一种保护层，把易燃的炭、氢、氧组成的纤维素和空气隔开，火焰也不能直接接触它，用火去点时就不再燃烧，当然也就烧不断了。

硅酸盐比磷酸盐耐热性更高，性能更好。石棉就是由钙、镁、铁等硅酸盐类制成的，它的耐热能力在1000℃以上。在古代，我国劳动人民就学会了用石棉制成纺织品。据传说汉桓帝（147～167年）时，有一个叫梁翼超的大将军，他有一件非常漂亮的"宝衣"，不用水洗，专用"火浣"。一次，在宴会上油渍弄脏了他这件"宝衣"，他就当众把衣服脱下来，放在炭盆中。过一会儿拿出来，衣服上的油渍就不见了，但衣服却完好无损。实际这件衣服

NENG YANZHENG DE KEXUE

就是用石棉做成的。

石棉的用途很广，可是直到 1920 年以前，人们还只会把石棉制成纺织品。最近人们才用石棉代替钢筋制成石棉水泥，广泛地应用在建筑材料上。在一些要求耐高温、防火等方面的生产中，也大量使用石棉。

六、把钢烧着

当你看到这个题目时，也许会感到奇怪。钢怎么能烧得着呢？要使钢熔化，得要上千度高温呢。好吧，我们用一支蜡烛（或酒精灯）来试一试。

把钢烧着

实验材料和用具：一支蜡烛（或酒精灯）、一因钢丝线。

实验步骤：

找一团给地板打蜡上光用的钢丝绒，把它扯松，固定在细铁丝上，放在蜡烛火上烧。过一会儿，你会惊讶地看到这团钢丝迸射出一团五彩缤纷的火花。

为什么小小的蜡烛火焰就能把钢烧着呢？我们知道，在通常情况下，物体燃烧时都必须要有氧气助燃。氧气充分，物质燃烧得也充分。钢丝绒的丝很细，它跟空气中的氧气接触的面积很大，所以很容易被燃烧起来。

七、鉴别棉、羊毛和涤纶纤维

我们知道，棉纤维的成分是纤维素，它是由碳、氢、氧组成的高分子化合物，其中含有很多个葡萄糖单元，分子式可用 $[C_6H_7(OH)_3]_n$ 表示。

羊毛纤维的成分是蛋白质，它是由 α-氨基酸组成的，其中除了碳、氢、氧以外，还含有氮和少量硫。

涤纶纤维（的确良）是由人工合成的高分子化合物制成的，所以称为合成纤维。它属于聚酯纤维，分子式可用 $C_8H_6O_4$ 来表示。

这三种纤维燃烧时情况不同，由此可将它们区别开来。

在棉布上抽出一根棉纱纤维放在酒精灯火焰中燃烧，不容易烧着，烧完后留下的是灰烬。

取一小段纯羊毛毛线，放在酒精灯火焰中燃烧，也能烧着，但燃烧时产生焦臭味，这种臭味类似于毛发或羽毛烧焦时产生的气味。这是因为它含有蛋白质的缘故。

从纯涤纶衣料（如涤纶织成的弹力呢）中抽出一根纤维，放在酒精灯火焰内燃烧，立即烧着且燃烧时纤维卷曲，最后熔化成小球。这是由于涤纶等合成纤维的原料都是高分子聚合物，它们的熔点都比较低，所以燃烧时会熔化成小球。

如果找不到纯涤纶的衣料，也可以用锦纶（即尼龙）纤维——从尼龙绳、尼龙线（注意，不是塑料线）或破的尼龙袜（弹力锦纶袜）中抽出的纤维来做试验。锦纶纤维与涤纶纤维一样，也是合成纤维，因而燃烧时也会卷曲，并熔成小球。

八、耐火的棉线

这个实验你可以表演给朋友们看，很有趣！

实验材料和用具：食盐、热水、棉线、细棉布。

实验步骤：

1. 在一碗热水中溶入尽可能多的食盐，制成很浓的食盐水。

2. 等水温降到不烫手时，把约2米长的棉线和一块细棉布放在盐水里浸透，取出来晾干后，再浸入盐水，然后再晾干，这样重复多次。最好做到从外表看不出线和棉布是用盐水泡过的。

3. 用线把棉布的四角拴住，做成一个悬挂着的小吊床，把空蛋壳放在小吊床上，然后用火柴点着小吊床。这时你会惊奇地发现，虽然线和吊床都烧着了，但是蛋壳仍旧被挂在那里。

这是因为线和棉布的纤维虽已部分被烧掉，但由于盐不燃烧，它形成了特殊的构造，仍能经得住蛋壳的重量。

九、点火棒

利用氧可以助燃的原理，我们可以再做一个十分有趣的实验。

实验材料和用具：高锰酸钾、浓硫酸、酒精灯、一块玻璃、一根玻璃棒。

实验步骤：

1. 取约一克高锰酸钾晶体，压碎后放在一块玻璃片上。

2. 再取2~3滴浓硫酸，滴在高锰酸钾上，把滴有浓硫酸的高锰酸钾均匀地粘在一根玻璃棒的一端。

3. 把酒精灯的罩盖取下，用粘有高锰酸钾和浓硫酸的玻璃棒接触灯芯，酒精灯立刻就被点着了。

不用火柴、打火机，只用一个玻璃棒就能把酒精灯点着，真是奇妙！其

点火棒

实，当你知道发生这个现象的道理后，就不会感到奇怪。原来高锰酸钾（实验室制备氧气的一种原料）是一种强氧化剂，它和浓硫酸作用时，能产生氧气并放出热量。酒精又是燃点低、易于挥发的液体，在这些氧气和热量的作用下，足以使酒精燃烧，于是当玻璃棒接触灯芯时，酒精灯便被点着了。

因为高锰酸钾与水作用能释放出初生态的氧，所以医药上用它做杀菌、消毒剂。4%的溶液可治烫伤。很稀的溶液常用来洗生食的蔬菜和水果，用以灭菌。

知识点

乙　炔

乙炔，俗称风煤、电石气，是炔烃化合物系列中体积最小的一员，主要作工业用途，特别是烧焊金属方面。乙炔在室温下是一种无色、极易燃的有毒气体。纯乙炔是无臭的，但工业用乙炔由于含有硫化氢、磷化氢等杂质，而有一股大蒜的气味。

纯乙炔在空气中燃烧温度可达2100℃左右，在氧气中燃烧温度可达3600℃。化学性质很活泼，能起加成、氧化、聚合及金属取代等反应。

延伸阅读

乙炔的用途

乙炔可用以照明、焊接及切断金属（氧炔焰），也是制造乙醛、醋酸、苯、合成橡胶、合成纤维等的基本原料。

纯品乙炔为无色无气味的气体，由电石制取的乙炔含有磷化氢、砷化氢、硫化氢等杂质而具有特殊的刺激性蒜臭和毒性；常压下不能液化，升华点为

$-83.8℃$，在 $1.19×10^5Pa$ 压强下，熔点为 $-81℃$；易燃易爆，空气中爆炸极限很宽，为 $2.5\%~80\%$；难溶于水，易溶于石油、醚、乙醇、苯等有机溶剂，在丙酮中溶解度极大，在 $1.2MPa$ 下，1 体积丙酮可以溶解 300 体积乙炔，液态乙炔稍受震动就会爆炸，工业上在钢筒内盛满丙酮浸透的多孔物质（如石棉、硅藻土、软木等），在 $1~1.2MPa$ 下将乙炔压入丙酮，安全贮运。

乙炔燃烧时能产生高温，氧炔焰的温度可以达到 $3200℃$ 左右，用于切割和焊接金属。供给适量空气，可以安全燃烧发出亮白光，在电灯未普及或没有电力的地方可以用做照明光源。乙炔化学性质活泼，能与许多试剂发生加成反应。在 20 世纪 60 年代前，乙炔是有机合成的最重要原料，现仍为重要原料之一。如与氯化氢、氢氰酸、乙酸加成，均可生成生产高聚物的原料。乙炔在不同条件下，能发生不同的聚合作用，分别生成乙烯基乙炔或二乙烯基乙炔，前者与氯化氢加成可以得到制氯丁橡胶的原料。乙炔在 $400℃~500℃$ 高温下，可以发生环状三聚合生成苯；以氰化镍 $Ni(CN)_2$ 为催化剂，在 $50℃$ 和 $1.2~2MPa$ 下，可以生成环辛四烯。

乙炔具有弱酸性，将其通入硝酸银或氯化亚铜氨水溶液，立即生成白色乙炔银和红棕色乙炔亚铜沉淀，可用于乙炔的定性鉴定。这两种金属炔化物干燥时，受热或受到撞击容易发生爆炸。反应完应用盐酸或硝酸处理，使之分解，以免发生危险。乙炔在使用贮运中要避免与铜接触。

工业上可以用碳化钙（电石）水解生产乙炔。另外，由于其可以发生强烈的爆炸，利用乙炔气体可作为毁伤元素，毁伤坦克或其他装甲车辆。

有关色彩的验证

一、证明铜离子是蓝色的

胆矾（$CuSO_4·5H_2O$）是蓝色的晶体，硫酸铜的稀溶液也是蓝色的，而且其他很多铜盐的稀溶液也都是蓝色的，这是因为铜离子在水溶液中是以 $Cu(H_2O)_4^{2+}$ 络离子的形式存在的，而 $Cu(H_2O)_4^{2+}$ 就是蓝色的。下面用实验向你证明铜离子是蓝色的。

实验材料和用具：广口瓶（配一个橡皮塞）、碳棒、铜圈、铜丝、1mol/L 硫酸铜溶液。

实验步骤：

1. 把广口瓶的橡皮塞中央钻一个孔，插入一根长 10 厘米的粗玻璃管

（可用破的小试管去掉底部做成），塞子的边上还要钻一个细孔，作为插阴极用。

2. 取一根碳棒（可用废电池中的碳电极）做阳极，碳棒上绕一段铜丝，以便与电池的负极相联。

3. 阴极是一块铜片绕成的铜圈，它比玻璃管直径略大一点，以便可以套在管外，然后用一根铜丝（可用刮去漆皮的漆包线）与铜圈相联，铜丝的一端插在橡皮塞边上的细孔内。

证明铜离子是蓝色的 1

4. 在广口瓶内装好 1mol/L 硫酸铜溶液（其中加入 2~3 滴浓硫酸），溶液的液面要高出阴极（铜圈）。将带阴极和玻璃管的橡皮塞插入广口瓶内，并将阳极（碳棒）插到玻璃瓶内的溶液中。

5. 把两个干电池串联起来（也可以只用一个干电池），将阳极碳棒与干电池组的负极相联，阴极铜圈则与干电池的正极相联。这时，可以看到阳极碳棒上有气体产生，说明电解反应已经开始，你就可以把广口瓶放在桌上，等几天以后，你会看到阴极铜圈附近的溶液的蓝色已经消失，变成无色的了。

你想一想，铜圈周围发生了什么反应？让我们分析一下广口瓶内的装置，它实际上是一个右图所示的电解池。在阳极碳棒上发生的反应是：

$$4OH^- \longrightarrow 2H_2O + O_2\uparrow + 4e$$

而在阴极铜圈上发生的反应，则是溶液中的 Cu^{2+} 得到电子，变成金属铜沉积到阴极上：

$$Cu^{2+} + 2e \longrightarrow Cu$$

证明铜离子是蓝色的 2

经过长时间的电解，阴极周围的铜离子被消耗了，颜色变浅，我们就看到铜圈周围的溶液逐渐变成无色，这一实验现象岂不是反过来证明了铜离子是蓝色的吗！

二、变色字画

名贵的油画上的雪地因为氧化失去了以往的鲜明颜色而变得灰蒙蒙的，很不好看，该怎么办呢？聪明的化学家拿来一瓶双氧水，他用棉花蘸上双氧水，轻轻地在油画上擦拭，最后，油画上又出现了茫茫的白雪。这是什么原因呢？从下面的实验你就可以得到答案。

实验材料和用具：醋酸铅、硫化亚铁、盐酸。

实验步骤：

1. 把一张吸水性比较好的白纸或滤纸贴在墙上，用毛笔蘸上 0.5mol/L 醋酸铅溶液，在纸上写上"变色字画"四个大字。

2. 在试管中加一小块硫化亚铁（FeS）固体，并加入少量 6mol/L 盐酸（用粗盐酸就可以了），试管中就产生了硫化氢气体，立即将试管口对准白纸上写过字的地方，纸上就出现了灰黑色的"变色字画"四个大字，这是因为硫化氢气体与醋酸铅作用，生成了灰黑色的硫化铅：

$$FeS + 2HCl = FeCl_2 + H_2S \uparrow$$

$$Pb（CH_2COO)_2 + H_2S = PbS \downarrow + 2CH_3COOH$$

如果实验室有现成的饱和硫化氢溶液，那就不需要再制备硫化氢气体了。只要打开饱和硫化氢溶液的瓶盖，将瓶口对准白纸，也会出现灰黑色的大字。

3. 把制备硫化氢气体的试管拿开、洗净（如果用饱和硫化氢溶液，也要把它拿走），使空气中不再存在大量的硫化氢气体。然后用另外一支毛笔蘸上 3%～5% 过氧化氢溶液（即双氧水），涂在灰黑色的"变色字画"四个大字上。真奇怪，这四个大字立刻从白纸上消失了。原来，这时在白纸上又发生了另外一个化学变化，过氧化氢把灰黑色的硫化铅氧化了，变成了白色的硫酸铅，所以"变色字画"四个大字又不见了：

$$PbS + 4H_2O_2 = PbSO_4 + 4H_2O$$

做完这个实验以后，你就知道化学家之所以聪明，原因就在于他有大量的化学知识和实验经验，他知道油画上的白雪，是用铅盐做成的油彩画上去的。日子长了，铅盐和空气中的硫化氢气体化合，就使白色慢慢变成灰黑色了。

也许你会问，空气里哪里来的硫化氢气体？我们知道，煤里含有 1%～1.5% 的硫，石油产品中也含有硫，甚至动植物腐烂时也会生成硫的化合物，它们都是硫化氢的来源。难怪油画在博物馆里放久了，天天受到硫化氢气体的熏陶，白雪也就变成灰色了。

三、让试纸变红的硫化氢

石蜡是固态石蜡烃的混合物，凡士林是液态和固态石蜡烃的混合物，它们都是由碳和氢组成的。把硫黄与石蜡（或凡士林）放在一起加热，就会产生硫化氢气体。硫磺、石蜡和凡士林都是很容易得到的，所以用这种方法制硫化氢是很简便的。

实验步骤：

取一支试管，配上一个带尖嘴玻璃管的橡皮塞，在试管中加入 1 克硫磺

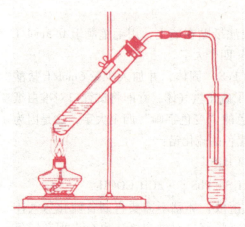

试纸变红的硫化氢

粉和 1 克石蜡（可将小段蜡烛切碎），把试管放在酒精灯火焰上加热，即产生硫化氢气体。

在玻璃管的尖嘴处把硫化氢气体点燃，它的火焰是蓝色的。如果用一张湿的蓝色石蕊试纸放在火焰上方（不接触火焰），蓝色试纸就会变红，说明硫化氢气体燃烧后，产生的气体具有酸性。

如果将一支试管放在硫化氢的火焰上（试管的外壁与火焰接触），不久，你就会看到试管的外壁上出现了一层黄色的固体。

上面两个实验中发生了什么反应呢？我们知道，当硫化氢气体在空气中燃烧时，如果空气是充足的（第一种情况），就产生二氧化硫和水：

$$2H_2S + 3O_2 = 2SO_2 \uparrow + 2H_2O$$

二氧化硫溶于水生成亚硫酸，能使蓝色的石蕊试纸变红。如果空气不足时（第二种情况），它只能把硫化氢氧化。

四、照片变红了

利用酚酞遇氨水变红的原理还可以做一些其他的小实验，比如说让照片上的小女孩的脸变红。

实验材料和用具：酒精、酚酞、氨水。

实验步骤：

1. 先用溶解在酒精和水里的酚酞溶液，涂在人像照片的脸颊部位，把照片晾干。

2. 用水把人像面颊部位的背面稍微弄湿，然后用一个手指蘸上一些氨水，放在人像脸部以下。这时氨蒸气和人像面部上的酚酞发生接触，人像的脸就变红了。

3. 你移开手指，人像上的脸又变白了。

五、人造小火山

世界上绝大多数的人是没有看见过火山爆发的，人们往往只能从电影或电视上看到火山爆发时的壮丽场面。现在我们要用化学变化来模拟火山爆发，这种人造小火山爆发时的场面，确实像真火山。

实验材料和用具：烧石膏、蒸发皿、试管。

实验步骤：

1. 在一只蒸发皿内，用水将烧石膏（$CaSO_4 \cdot 1/2H_2O$）调成糊状。

2. 在另外一只蒸发皿的中央竖起一支试管，把糊状的烧石膏倒在试管的周围，并把石膏堆成小山的形状，当石膏开始干时，把试管拔出来。等蒸发皿内的石膏干固以后，俨然是一座雪白的"小山"。不过，这座"小山"与众不同，它的中间有一个大洞，这就是"火山口"。

同时，要及时地把调糊状石膏的蒸发皿和试管洗净，因为放久了，上面的石膏干固后，不易洗去。

3. 在"小山"中央的洞内装满重铬酸铵〔$(NH_4)_2Cr_2O_7$〕固体，再在重铬酸铵固体中插一条浸透酒精的滤纸，把滤纸点着，固体即被引燃（也可以把点着的火柴插到重铬酸铵固体中，把它点着），重铬酸铵固体立即分解，从"火山口"发出嘶嘶的声音，并喷出红热的三氧化二铬固体。等重铬酸铵固体分解完了后，白色的小山坡上布满了绿色的"岩浆"。

重铬酸铵的热分解反应是一个氧化—还原反应：

$$(NH_4)_2Cr_2O_7 \xrightarrow{\Delta} N_2\uparrow + Cr_2O_3 + 4H_2O$$

它和氯酸钾 $KClO_3$ 一样，本身既是氧化剂，又是还原剂，这种反应叫做自身氧化—还原反应。

六、闪耀的礼花

你见过节日期间燃放的礼花吧？那点点跳动的火花是多么美丽！事实上，我们也可以利用木炭和硝酸钾之间的化学反应模拟出万点火星跳动的场面。

实验材料和用具：固体硝酸钾、木炭、酒精灯、试管。

实验步骤：

取 3~4 克干燥的硝酸钾固体颗粒放入试管，用酒精灯均匀加热。待硝酸钾均匀融化成液体后，取赤豆大小的木炭颗粒投入试管。不一

礼 花

会儿，灼热的木炭粒突然跃出液面，发出火红的光芒。当跃起的木炭粒回落入试管后不久，会再次跃出液面，反复不断。

为什么木炭粒会突然跃出液面，发出闪亮的火光呢？原来，当木炭与硝酸钾一起被加热到一定温度后，就会发生化学反应，产生大量的二氧化碳气体，同时释放出大量的热能。累积的热能点燃了木炭，瞬间的灼热燃烧产生出点点火星，而大量的二氧化碳气体则成为木炭跃起的动力。这样，火星就跳起来了。当木炭跃出液面，与硝酸钾脱离后，反应中断，气体的来源也被切断，于是便再次落入硝酸钾液体。这时，木炭与硝酸钾又一次进行化学反应，产生了第二次、第三次……跳跃，火星也不断地出现。

注意：这是个很有观赏性的实验。不过在实验过程中，一定要注意安全。

七、变色的水

实验材料和用具：红墨水或红药水、玻璃杯。

实验步骤：

1. 先准备一点红墨水或红药水，再找一个无色、无花纹图案的玻璃杯。

2. 在杯中滴一点红墨水（或红药水），然后举起杯子朝向灯光，透过杯子看去，水是粉红色的。

3. 把杯子移开灯光，再看一看，水的颜色变了——成了绿色。

这是怎么回事呢？是在玩魔术？还是一种幻觉呢？原来，第一次我们看到的是透射光，也就是粉红色的；而第二次我们看到的绿色，是光线从杯中反射出来的光。并没有谁在玩魔术，也没有谁在施展幻术。如果说要有的话，那就是光本身。

这个实验也可以表演给朋友看，不过要注意的是，做这个实验时，有红药水最好用红药水，容易成功，效果较好。如果用红墨水时，得事先试一试，不同牌子的墨水，效果不一样，有的甚至做不成这个实验，免得你在朋友面前失手了！

八、黑球变银球

你可以把这个小实验当做一个小魔术表演给你的朋友们看。

实验材料和用具：大钢珠、蜡烛或煤油灯。

实验步骤：

1. 找一个大钢珠，把它放在蜡烛或煤油灯的火焰上烧，使钢珠表面熏上一层黑烟。

2. 照图做一个小盘，把钢珠放在盘上，然后吊放到瓶子里的水中。

这时你再注意观察钢珠，竟变成了一个美丽的银球。这是因为钢珠表面有一层黑烟，使水不能浸润钢珠，而水的表面张力使水分子在黑烟外面形成一层水表面。这层水表面把射向钢珠的光线反射出去，这时人们只能看到反射的强光，于是黑色的钢珠就变成一个"银珠"了。

黑球变银球

九、隐显墨水

如果你想用一种最简单的方法写一封"密信"，你最好使用氯化钴制成的隐显墨水，这个实验需要你和朋友一起来完成。

先配一小瓶0.1M氯化钴溶液，然后用蘸水钢笔或毛笔在吸水性较好的白纸上写好"密信"。氯化钴的稀溶液是浅粉红色的，所以把0.1M氯化钴溶液写在纸上，等纸干了以后，几乎看不出纸上有什么颜色。

现在你就可以把这封"密信"寄给你的朋友了，当然信封不能用隐显墨水写，你还是用蓝墨水写为好，否则这封信就寄不到了。

你的朋友收到信后，根据你们事先约定的方法，把信纸拿出来，放在火炉上烘烤，或者把信纸放在酒精灯火焰上微热一下，信纸上的 $CoCl_2 \cdot 6H_2O$ 即脱水变成蓝色的 $CoCl_2$，上面就显出蓝色的"密信"。

你的朋友在看完信以后，只要往信纸上喷一点水雾，信纸上的蓝字又会消失，仍然可以使信的内容保密起来。

十、预测天气的画片

这是一个利用化学的方法，做一个能预测天气的画片的小实验。

实验材料和用具：氯化钴（在化工商店里可以买到）、食盐、吸墨纸。

实验步骤：

1. 把两汤匙的氯化钴和一汤匙食盐溶解在水里。

2. 把一张新的白色吸墨纸浸入溶液中，吸墨纸湿的时候呈粉红色，把它置于阳光下或用炉火烤干后就变成了蓝色。

3. 画一张彩色的海滨或山水画片，在天空的部位粘上你已经处理好的吸墨纸。

天气晴朗时，画面上的天空是蓝色的；天气潮湿时，天空就变成粉红色，这就预告要变天了。这个小实验的原理是：盐很容易受潮，干燥的氯化钴受

潮后，颜色由蓝变成粉红。用氯化钴溶液画的画，对空气中的湿度变化很敏感，从画面上颜色的变化就可以知道空气的潮湿程度。空气湿度大，变天的可能性也大。

十一、染色的秘密

我们日常生活中所用的各种各样颜色的布料都是用化工合成的染料来染色的。那么在古代的人们是怎么给布匹染色的呢？据说用的是植物染色剂。植物也能染色吗？通过下面这个实验，我们试着用洋葱皮来染色。

实验材料和用具：3 个洋葱，1 个不锈钢锅，2 条本色的棉手帕，橡皮筋，20 克明矾，滤纸或淘米用的滤网。

实验步骤：

1. 将 3 个洋葱的外皮剥下放入锅中，用大约 500 毫升的清水煮，沸腾 20 分钟后，水变成很浓的红茶色。然后，把洋葱皮捞出来，将煮好的水用滤纸滤几遍，除去杂质。

染色的秘密

2. 将待染色的两条手帕洗干净，用橡皮筋在其中的一条手帕上扎几个结，另一条不用扎结。把这两条手帕放入茶色水中煮上 15 分钟，但不能让水沸腾，你会看到手帕在慢慢变色。

3. 拿一只容器，放入约 250 克水，再加上 20 克明矾，让明矾完全溶解后，把已经染过色的手帕放进明矾液中。5 分钟后取出手帕，用自来水冲洗，一边解开橡皮筋。没扎橡皮筋的手帕上只有一种颜色，而扎了橡皮筋的手帕留下了一圈圈白色的图案。晾干后用电熨斗熨平整，你的手帕就会有鲜艳的颜色与美丽的图案了。

为什么用洋葱皮就能在布上染色呢？这是因为植物中含有各种色素，这些色素渗透到布的纤维中就可以染色了。如果把刚染好的手帕拿到清水中漂洗，你会发现刚染上的颜色又褪去了。所以，我们要让染色后的手帕接触到明矾溶液，通过明矾的作用使纤维和色素牢牢地粘在一起，不退色。这就是用洋葱皮染色的秘密。

知识点

电　解

电流通过物质而引起化学变化的过程。化学变化是物质失去或获得电子（氧化或还原）的过程。电解过程是在电解池中进行的。电解池是由分别浸没在含有正、负离子的溶液中的阴、阳两个电极构成的。电流流进负电极（阴极），溶液中带正电荷的正离子迁移到阴极，并与电子结合，变成中性的元素或分子；带负电荷的负离子迁移到另一电极（阳极），给出电子，变成中性元素或分子。

延伸阅读

比金还贵重的铝

现在，对铝制品谁也不稀罕，谁家都有铝锅、铝盆、铝勺之类的日用器具。可是，在100多年前，凡和铝沾边的东西，就是一种极贵重的宝贝，别说是铝锅，就是谁家有一把铝勺，那都身价百倍。当时，就像法国皇帝拿破仑三世这样的一国之君，对铝也是垂涎三尺。有一个故事，讲的就是他如何像赶"新潮"的小伙子一样对铝极尽顶礼膜拜之能事的。

1848年以后，拿破仑三世登上了法国皇帝的宝座。这位法国皇帝很能干，但也很虚荣。当时，铝这种金属由于产量很少，成本比金子还高，因而很难得到。据说，当时有一位欧洲的国王买了一件有铝钮扣的衣服之后，就趾高气扬，并且瞧不起那些买不起这种奢侈品的穷国的君主。当然，买不起铝钮扣的君主们又十分嫉妒这位有着十分罕见的钮扣的国王，渴望着有朝一日也能得到这种钮扣。

拿破仑三世上台后，决定炫耀一下自己的与众不同。一天，他举办了一个盛大的宴会，邀请了王室成员和贵族赴宴，另外还有一些地位较低的来宾。客人入席后，发现用餐的餐具各不相同，在高贵的王室成员和皇宫贵族的餐桌上摆的都是铝匙和铝叉，而在地位较低的来宾面前，摆的却是普通的金制和银制的餐具。那一天，宴会虽很丰盛，但是使用金制和银制餐具的人心里

NENG YANZHENG DE KEXUE

就堵得慌，因为他们发觉自己是在低人一等的餐桌上用餐。其实，这也不是拿破仑三世的本意，而是在当时，即使是皇上也无法给每个来宾提供当时是既贵重而又稀少的铝餐具。

不久，拿破仑三世决定摆脱这种"寒酸"局面。他给提炼铝的法国科学家和工业家圣克莱尔·德维利提供了一大笔资金，用来大量生产铝，他准备用这些铝为法国军队士兵的所有服装上都安上铝钮扣并装备铝胸甲。但是，由于当时铝的冶炼方法很落后，又没有足够的电力，因此铝的产量一直很少，德维利生产的铝仍然很贵，结果，拿破仑三世用铝钮扣和铝胸甲装备法国军队的计划没有实现。但是，他对保卫他的安全的警卫部队则另眼相看，为他们装备了新的铝胸甲。

一直到 19 世纪 80 年代，铝仍然是一种有珠宝价值的珍贵金属。有这样一件有趣的事，很充分地说明了那时铝的价值：1889 年，俄国著名的化学家门捷列夫到英国伦敦访问和讲学，英国科学家为表彰他在化学上的杰出贡献，尤其是在发现元素周期律和建立元素周期表上的贡献，赠给他一件贵重的奖品，就是用金和铝制成的一架天平。

一百多年后，铝进入了最平常的百姓家中，这是拿破仑三世决没有想到的。铝现在变得这么便宜，要归功于那些一直在研究如何大批生产铝的科学家。19 世纪末，奥地利化学家拜尔在前人实验的基础上研究出了一种生产铝的方法——电解氧化铝。不久后，铝的产量剧增，铝的价格也大降。在俄国，1854 年时 1 千克铝要 1200 卢布；而到 19 世纪末，就降到了 1 个卢布。珠宝商人从此对铝失去了兴趣，但铝却受到了整个工业界的青睐。

▐▐ 有关重心的验证

一、平衡针

实验材料和用具：长毛衣针、软木塞。

实验步骤：

1. 把一根长毛衣针从软木塞的中心穿过，切去穿出段的一部分，在针的另一端插上一个泡沫球。

2. 再另外取两根毛衣针，每根针的一端穿上两个橡胶瓶塞，另一端斜插入上述软木塞的两侧，如下页的图所示。

3. 注意伸出软木塞的一端不宜太长。

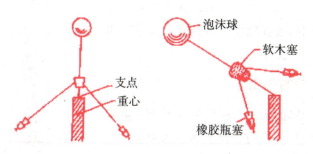

平衡针

4. 将此端放在任何一个凸出点上，该系统都将对支撑点保持平衡。

注意：如果向上移动橡胶瓶塞，将使系统失去初始状态的稳定性。若将橡胶瓶塞下移，特别是使系统的重心低于系统的支撑点的位置，则会显著增强系统的稳定性。这也是赛车的底盘为什么尽可能安装得越低越好的原因。只有这样，赛车在急转弯时才会紧贴地面而不至翻倒。

二、找重心

实验材料和用具：硬纸板、缝衣针、细线、铅笔。

实验步骤：

1. 找一些硬纸板，剪成形状不规则的小块。

2. 先在不规则纸板的任何一点上用针扎一个小孔，用一条细线把它悬挂在墙上。

3. 沿细线的方向用铅笔在纸板上画一条延长线。在纸板上换一个地方再扎一个小孔，用同样方法画另一条延长线。

4. 取下纸板后，用针尖顶在两条延长线的交点上，这块纸板就能平稳地停在针尖上。纸板和针尖接触的那一点就是纸板的重心。

用线把纸板悬挂起来，这时纸板处于平衡状态，它所受的重力跟悬线的拉力在同一直线上，所以纸板的重心一定在线的竖直延长线上。两条线的交点就是合力的作用点，就是纸板的重心。

三、哪个先跌倒

把两把长度不同的尺子并排竖起，扶好，然后同时放手，你猜哪把尺子先跌倒？结果总是短的尺子先倒在桌上。

尺子跌倒的快慢实际上是由它的重心的高度决定的。对于截面相同或相似的物体来说，物体越高，该物体的重心也越高，跌倒的过程也越长。为什

么小孩总比大人容易跌倒？道理就在于大人的重心高，跌倒的过程较长，这就有充足的时间使自己站稳。

四、奇妙的平衡

找到了物体的重心，就能使它平衡，重心越低，物体越容易平衡。在下面的实验中，有几个物体的平衡，就是这个道理。

实验步骤：

1. 将一把小折刀打开一半，把刀尖插进一支铅笔的一侧，距笔尖约 2cm。将笔尖放在手指头上，铅笔会稳稳地站立着。稍稍调整一下小刀的开合度，把笔尖放在任何物体上，你会发现，铅笔都不会倾倒。

奇妙的平衡 1

2. 找一把尺子、一把锤子和 26cm 长的细绳。把细绳两端结一个扣，使绳变成一个环，按图套在尺子与锤子把上。将尺子末端放在桌子边缘，适当调整绳环在尺子上的位置，奇怪的是，锤子和木尺居然不掉下来。

奇妙的平衡 2

3. 将火柴杆的一端切成"V"形槽，另一端插入软木塞底部的正中心。另找两把叉子对称地插在软木塞的两侧上（要插紧）。然后，双手绷紧一根细线，请你的朋友将火柴杆"V"形槽骑在线上，撒手。这个怪家伙竟然像杂技演员走钢丝一样，直立在线上保持平衡。如果把线倾斜一下，它还能稳稳地沿线滑动。

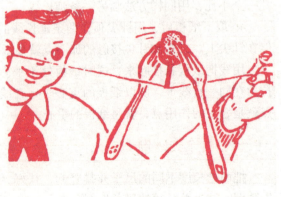

奇妙的平衡 3

五、苍蝇的启示

这个实验要探索的跟苍蝇的平衡棒有关，苍蝇的平衡棒是苍蝇的一对已经退化成哑铃状的后翅，其基部有感受器。

实验材料和用具：苍蝇、小瓶子、剪刀。

捉三只活苍蝇，分别装在三个小瓶子里。在一间明亮的房子里，把门窗关好，然后就可以开始实验。

实验步骤：

1. 把一只苍蝇一侧的平衡棒小心地从基部剪掉（这一点非常关键，否则影响实验效果），不要损伤其他部位。然后把苍蝇抛向空中，这时你会看到，苍蝇飞行不平稳，而且总向一边倾斜或拐弯，甚至它会很快地落在一个地方。受惊扰后，它还能起飞，但是比较困难。

2. 取另一只苍蝇，把它两侧的平衡棒都从基部剪掉，然后抛起来放飞。这时候，它可能向前平飞，或向上直飞。你如果用苍蝇拍在它前面晃动，它不能及时转弯避开，结果就会东碰西撞，甚至会径直掉到地面上来。

3. 把第三只苍蝇放飞，它飞行得十分自由，而且总是往明亮的玻璃窗上飞。一旦用蝇拍在它前方阻挡时，它能迅速绕开飞行，甚至突然掉头而飞。

从实验看出，平衡棒虽小，但在飞行中起着重要的作用。它是苍蝇的平衡器和导航仪。

科学家根据苍蝇平衡棒的导航原理，已经研制成功了一种"振动陀螺仪"。它的主要组成部件好像一个双臂音叉，通过中柱固定在基座上。音叉两臂的四周装有电磁铁，从而能产生固定振幅和频率的振动，以模拟苍蝇平衡棒的陀螺效应。当航向偏离的时候，音叉基座也随着旋转，导致中柱产生扭转振动，中柱上的弹性杆也跟着振动，并且把这个振动转变成一定的电信号传送给转向舵。于是，航向就被纠正了。在这个基础上。还制成了高精度的小型"振弦角速率陀螺"和"振动梁角速度陀螺"。这些新型的导航仪已经应用在高速飞行的火箭和无人驾驶飞机上面，用它自动导航。

六、奇怪的漏斗

实验材料和用具：2个漏斗、硬纸。

实验步骤：

1. 用胶布或胶带把两个漏斗的大口相对粘住。

2. 按下图做一个硬纸"桥"，要求"桥"的中间高于两端，但高低之差

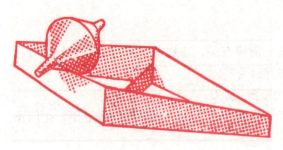

奇怪的漏斗

要小于漏斗大口的半径。"桥"中间最高处的宽度要小于漏斗两个颈部之间的距离。

3. 把这对漏斗放在"桥"的一头，它会滚向"桥"的顶部。

你会看到，对"桥"来说，漏斗好像是在向上滚动，很奇怪吧？实际上，漏斗对桌面来说，它的重心是向下降的。

七、会爬坡的塑料瓶

看到塑料瓶能爬坡，你相信真的能让塑料瓶自动地从低处向高处爬吗？能！不信你跟我一起做。

实验材料和用具：塑料药瓶两个，橡筋圈两根，5 号废电池一个，胶带，直径 1.2mm 左右铁丝，小木块。

实验步骤：

1. 按图 1 将两个塑料瓶的底割掉，在两个瓶盖中心分别钻两个直径 2mm 的孔。

2. 锯两段塑料笔杆、笔杆外按图 2 套上橡筋圈，笔杆里面穿根铁丝，铁丝从瓶盖内侧穿入两孔在瓶盖顶将铁丝绞紧。另一瓶盖同样做好。

3. 锯一块 15 × 10 × 4（mm）的木块，将木块用胶带按图 3 固定在 5 号废电池上。

4. 按图 4 盖上瓶盖，拧紧后拉出橡筋圈，分别嵌入电池和木块左右的缝隙里，再用胶带固定。

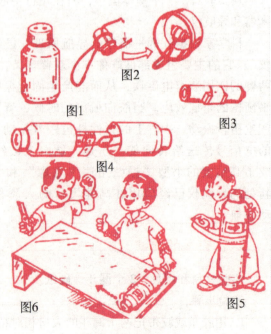

图1 图2 图3 图4 图5 图6

会爬坡的塑料瓶

5. 两个瓶底按图5合在一起，用胶带粘合，最后画上箭头做记号，外贴胶带。

6. 如图6找一块木板斜放，先将瓶按箭头方向用手旋转10余下，将瓶放于斜板低处，箭头指向低处，松开手，由于重心变化，瓶就开始爬坡了。

知识点

重 心

一个物体的各部分都要受到重力的作用。从效果上看，我们可以认为各部分受到的重力作用集中于一点，这一点叫做物体的重心。规则而密度均匀物体的重心就是它的几何中心。不规则物体的重心，可以用悬挂法来确定。

质量分布不均匀的物体，重心的位置除跟物体的形状有关外，还跟物体内质量的分布有关。载重汽车的重心随着装货多少和装载位置而变化，起重机的重心随着提升物体的重量和高度而变化。

延伸阅读

阿基米德撬地球的故事

阿基米德在《论平面图形的平衡》一书中最早提出了杠杆原理。他首先把杠杆实际应用中的一些经验知识当作"不证自明的公理"，然后从这些公理出发，运用几何学通过严密的逻辑论证，得出了杠杆原理。

这些公理是：在无重量的杆的两端离支点相等的距离处挂上相等的重量，它们将平衡；在无重量的杆的两端离支点相等的距离处挂上不相等的重量，重的一端将下倾；在无重量的杆的两端离支点不相等距离处挂上相等重量，距离远的一端将下倾；一个重物的作用可以用几个均匀分布的重物的作用来代替，只要重心的位置保持不变。相反，几个均匀分布的重物可以用一个悬挂在它们的重心处的重物来代替；相似图形的重心以相似的方式分布。

正是从这些公理出发，在"重心"理论的基础上，阿基米德发现了杠杆原理，即"二重物平衡时，它们离支点的距离与重量成反比。"阿基米德对

杠杆的研究不仅仅停留在理论方面，而且据此原理还进行了一系列的发明创造。据说，他曾经借助杠杆和滑轮组，使停放在沙滩上的桅杆顺利下水，在保卫叙拉古免受罗马海军袭击的战斗中，阿基米德利用杠杆原理制造了远、近距离的投石器，利用它射出各种飞弹和巨石攻击敌人，曾把罗马人阻于叙拉古城外达 3 年之久。

在使用杠杆时，为了省力，就应该用动力臂比阻力臂长的杠杆；如果想要省距离，就应该用动力臂比阻力臂短的杠杆。因此使用杠杆可以省力，也可以省距离。但是，要想省力，就必须多移动距离；要想少移动距离，就必须多费些力。要想又省力而又少移动距离，是不可能实现的，即"二重物平衡时，它们离支点的距离与重量成反比"。

杠杆原理被广泛应用在许多领域中。阿基米德曾讲："给我一个支点和一根足够长的杠杆，我就可以撬动地球。"在常规的管理活动中，能够显现和发挥作用的杠杆原理，其着眼点被浓缩和概括为，责权利关系在平衡与失衡状态下的种种表现。

有关引力的验证

一、强大的引力

实验材料和用具：棉线、乒乓球。

实验步骤：

用一根棉线把两个乒乓球联在一起。最简单的方法是拿一段胶布，把棉线的两头粘在一把尺子上，两个球之间的距离大约 3cm 左右。

拿住尺子，请一个人用一根饮料吸管在几厘米外吹气，气流从两个球之间通过。

你以为这两个球将被分开——恰恰相反！像所做的小实验一样：吹向两个球之间的气流减弱了球与球之间空气的压力，而两个球外侧的空气压力是正常的，所以两只球被推动靠近。

另一个试验也可以证实这个原理。用报纸撕两根纸条，一只手拿一根，向它们中间吹气，无论你怎么使劲吹，两条纸片都将会贴近在一起。

二、抗地心引力

我们知道，如果物体得不到某种支撑，就会因受地心引力的作用而坠落地上。可是，这里有一个简单的实验，可以使你明显地感到物体抗地心引力的现象。

实验材料和用具：一只吸管和一些水。

实验步骤：

把吸管完全浸在水里使它充满水，然后把吸管从水里拿出来，吸管里的水立即就会漏出来。可是，如果现在改变一下做法，先把手指放在吸管顶端堵住它，再把吸管从水里拿出来，水就不会漏出来了。这就是物体抗地心引力的现象——什么支撑着水使它不流出来呢？

问题的答案是空气的压力，它支撑着水柱，阻止它落下去，因为在下面的空气的压力比吸管上面的空气压力大。当你把手指移开，吸管两端空气压力相等，地心引力发生作用，水就又会坠落下去。

三、不能倒着长的植物

你想没想过让植物的根向上长，芽向下生长呢？现在我们做一个很简单的实验，探索一下能不能实现这个想法。

实验材料和用具：玉米种子、水、培养皿、脱脂棉、吸水纸。

实验步骤：

1. 挑选四粒好玉米种子，用水浸泡4个小时。

2. 把泡好的玉米种子平放在洗干净的培养皿底部，每粒种子的尖头都向着中心部位，分上下左右四个方位摆好。

3. 把一张吸水纸剪成圆片，直径要和培养皿的直径相等，盖在种子上面；再找一些脱脂棉，用水浸湿了，铺在吸水纸上面，使皿盖能压住棉花（同时能把四粒种子固定住）。

不能倒着长的植物

4. 盖好盖以后，把皿放倒，种子分别处在上下左右四个方位，并写个"上"字作为标记。然后，把皿用一点黏土固定在木板上。

5. 把这套装置放在室内25℃左右的地方。如果棉花干了，可以打开皿盖，加些水。一定注意不能改变皿的方位，有"上"字的那边永远向上。

三五天以后，从皿底就可以看到种子发芽了。上面那粒种子向正常的方

向发芽；下面那粒种子的发芽方向颠倒了——芽向下长，根向上长；另外两粒种子向横的方向发芽。但是，过了几天，又出现新的变化：左右和下面那三粒种子的芽和根开始拐弯，芽拐了个弯向上生长，根弯过向下生长了。

你能解释一下这是为什么吗？

这个实验说明植物的生长是受生长素调节的，而生长素的分布受重力的影响。当植株横放的时候，幼芽的尖端下方分布的生长素比较多，那么下方的生长速度就快，因而幼芽就向上弯曲了。这样看，芽总是背着重力的方向，向上生长，这就叫芽的背地性。幼根的尖端下方分布的生长素也比较多。根对生长素要比芽更敏感。过量的生长素反而会抑制细胞的分裂，使根的生长速度变慢。这样，在根尖上方生长素分布比较少的地方，反而生长得快。幼根总是朝着重力的方向，向下生长，这就叫做根的向地性。

四、水中悬蛋

实验材料和用具：玻璃杯两个、水、食盐、蓝墨水、筷子、鸡蛋。

实验步骤：

1. 在玻璃杯里放 1/3 的水、加上食盐，直至不能溶化为止。

2. 再用一只杯子盛满清水，滴入一两滴蓝墨水，把水染蓝。

3. 取一根筷子，沿着筷子，小心地把杯中的蓝色水慢慢倒入第一个玻璃杯中。

4. 玻璃杯里下部为无色的浓盐水，上部是蓝色的淡水。

5. 动作缓慢地把一只鸡蛋放入水里，能看到它沉入蓝水，却浮在无色的盐水上，悬停在两层水的分界处。

知道是为什么吗？这是因为生鸡蛋的密度比水大，所以会下沉。盐水的密度比鸡蛋大，鸡蛋就会上升。最终鸡蛋漂在了两个溶液的分解处，就像悬在空中一样。

听话的火柴

五、听话的火柴

实验材料和用具：脸盆、火柴、一块糖、一块肥皂。

实验步骤：

在一个脸盆里倒上水，在水面上放几根火柴或小木片，拿一块糖接触水面中心，有趣的现象就发生了：糖块附近的火柴或小木片立刻聚集到糖

的周围。如果拿一块肥皂接触水面中心，火柴就会立刻向四周散开。

这是因为糖溶于水后，水的表面张力突然增大，于是火柴便向着表面张力大的方向移动；当肥皂溶于水后，这部分肥皂水的表面张力突然减小，于是就出现了相反的情况。

六、脸盆喷水

这里将要给你介绍的实验，是历史文物"双龙洗"的模拟实验。"双龙洗"的出现说明我们的祖先早在七百多年前就对力学的共振现象有了深刻的研究和认识。

实验材料和用具：搪瓷脸盆、水。

实验步骤：取一个搪瓷脸盆，将脸盆上的油污洗净，盆内放九成的水，置于固定性良好的桌面上，再将双手上的油脂洗干净。用左右两手的拇指，沿盆的边沿对称的两侧，各按边沿用力进行有节奏地来回的摩擦，随着摩擦节奏的不断调整和力度的加大，脸盆中的水珠就会向上飞溅，实验效果理想的话，水珠可高达10厘米左右。

这个小实验蕴涵着一个科学道理：每个物体都有自己特定的固有频率，脸盆也是如此。当左右两个拇指有规律地按一定距离对称地在盆边沿摩擦，摩擦产生的振动频率和脸盆本身的固有频率达到同步一致时，脸盆就发生共振。共振时，脸盆周壁发生横向振动，这种振动，犹如在平行于水面方向用手急速地拍打水，迫使水珠喷溅，煞是有趣。

你有兴趣的话，不妨模拟一下，手和脸盆上的油污要洗得干净，对称力度要大，左右两边摩擦距离宜适中，当两个拇指在盆边沿达到一定摩擦节奏时，共振现象就会出现，实验就成功了。

知识点

引　力

引力是所有物质之间存在的相互吸引的力，即万有引力，与物体的质量有关。引力的产生与质量的产生是联系在一起的，质量是物质的内在性质，由空间的变化产生的一种效应，引力附属质量的产生而出现。

引力在经典物理学中被认为是宇宙中几大基本力之一，跟质量成正比、跟距离的平方成反比。但在爱因斯坦的理论中引力已经不是一种基本

力了，而仅仅是时空结构发生弯曲后的表现而已。而导致时空结构发生弯曲的原因就是巨大的质量。

延伸阅读

万有引力的发现

人们都知道从苹果落地中牛顿发现了万有引力定律的故事，其实那不过是法国启蒙思想家伏尔泰为宣传自然科学而编的故事。

在牛顿之前，人们已经知道有两种"力"：地面上的物体都受重力的作用，天上的月球和地球之间以及行星和太阳之间都存在引力。这两种力究竟是性质不同的两种力？还是同一种力的不同表现？牛顿在剑桥大学读书时就考虑起这个问题了。

牛顿23岁时，鼠疫流行于伦敦。剑桥大学为预防学生受传染，通告学生休学回家避疫，学校暂时关闭。牛顿回到故乡林肯郡乡下。他仍没有间断学习和对引力问题的思考。那时，乡下的孩子们常常用投石器打转转玩，之后，把石头抛得很远。他们还可以把一桶牛奶用力从头上转过，而牛奶不洒出来。

这一现象激发了牛顿关于引力的想象："什么力使投石器里面的石头抛得很远？使水桶里的牛奶不掉下来呢？"这个问题使他想到开普勒和伽利略的思想。他从浩瀚的宇宙太空，周行不息的行星，广寒的月球，直至庞大的地球，进而想到这些庞然大物之间力的相互作用。牛顿抓紧这些神奇的思想不放，一头扎进"引力"的计算和验证中了。牛顿用这个原理验证太阳系各行星的行动规律。他首先推求月球和地球的距离，由于引用的资料数据不正确，计算的结果也错了。因为依理推算月球围绕地球转，每分钟的向心加速度应是16英尺（4.8米），但据推算仅得13.9英尺（4.2米）。在失败的困境中，牛顿没有灰心，反而以更大的努力进行辛勤的研究。

1671年，新测量的地球半径值公布了。牛顿利用这一数据重新检验了自己的理论，同时，还利用他自己发明的微积分处理了月地关系中不能把地球看做质点时，重力加速度的计算问题。有了这两项改进，牛顿得到了两个完全一致的加速度值。这使他认为，重力和引力具有相同的本质。他又把基于地面物体运动的三条定律（即牛顿三大定律）用于行星运动，同样得出满意的正确结论。

牛顿整整经过了7个春秋寒暑，到他30岁时终于把举世闻名的"万有引力定律"全面证明出来，从而奠定了理论天文学、天体力学的基础。万有引力定律的发现，是人类认识史上的一次飞跃。

有关植物呼吸的验证

一、会喘气的蒿草叶

大家都知道，地球上人类和动物的呼吸以及燃烧等，需要消耗大量的氧气。长此下去，地球上的氧不是被用光了吗？实践证明，氧是不会被用光的。那么，这些被消耗掉的氧是怎样补充的呢？可以通过下面的实验了解一下。

实验材料和用具：蒿草叶、漏斗、试管、玻璃管。

实验步骤：

取一只烧杯盛满清水，然后摘

蒿草叶

一些蒿草叶或者树叶，浸在水里。在蒿草叶上罩一个漏斗，漏斗颈上面再倒扣一支装满水的试管，放在阳光下，就会发现叶子不断地吐出一个个的小气泡。如果你再用一根吸管，向水里吹气，蒿草叶将连续地吐出大量的气泡。气泡聚集在试管的底部，将试管中的水挤出来。收集一定量的气体后，用拇指堵住试管口，将试管取出，用带余烬的火柴杆插入试管口，余烬便会复燃，这说明试管里收集的是氧气。

其实，这是因为，在太阳光底下，植物的叶子能吸收空气中的二氧化碳，它与茎从根部输送上来的水分、养料化合，变成淀粉和葡萄糖等维持植物生长的有机营养物，同时放出大量的氧气。植物的这种作用，叫做"光合作用"。

植物的"光合作用"对于人类是很有意义的，它能够补充地球上的氧，又可以消耗大量的二氧化碳。经过计算和试验证明，一个成年人一天呼出的二氧化碳，可供一平方米的植物吸收。每年，全世界的绿色植物从空气中大约可吸收几百万吨的二氧化碳，呼出大量的氧气，足够维持生命的生存和燃烧所需要的氧。

二、种子萌发需要空气吗

课本上讲过空气是种子萌发的条件，下面这个实验可以充分说明：其实，种子萌发时更需要的是空气中的氧气，而不是其他成分。

实验材料和用具：三个窄玻璃条（或玻璃棒）、9～12粒玉米种子、水生植物、3个广口瓶。

实验步骤：

1. 选3个窄玻璃条（或玻璃棒），在玻璃条中分别固定3～4粒玉米种子，其中两条下端再系一些水生植物（沉水植物如金鱼藻、眼子菜等），将其分别放入装满清水的A、B两个广口瓶（也可用罐头瓶）中。另一条不系水生植物，放在装满清水的C广口瓶中。

2. 将A瓶和C瓶放在适宜温度的阳光下（夜间用强灯光照射更好），同时将B瓶放在适宜温度的黑暗处，隔日进行观察并记录。

数日后，可见A瓶内玉米种子萌发出芽，而B瓶和C瓶内的种子只膨胀不萌发出芽。这是因为A瓶中的水生植物，在阳光下进行光合作用，放出氧气，所以该瓶中的玉米种子因得到氧气而萌发出芽。B瓶内虽有水生植物，但是在黑暗处，不能进光合作用放出氧气，反而只进行呼吸作用吸收氧气，所以该瓶内缺氧，种子不能萌发。C瓶虽在阳光下，但内无绿色水生植物，所以瓶内氧气不足，种子也不能很好地萌发。

这就证明了氧是种子萌发的必要条件。

三、双色花

现在，我们利用毛细管这样显著的颜色变化再一次证实吧。

实验材料和用具：一枝白花、两个玻璃杯。

实验步骤：

1. 摘一枝白花，如石竹一类。将连着花的枝从下往上撕开大约10厘米。

2. 把撕开的两半分别插入两个盛水的玻璃杯里。

3. 如图所示，两个杯子里的水颜色不同，一个是掺了红墨水，另一个掺了蓝墨水。

4. 为了不让撕开的枝折断而使花朵枯萎，用一张硬纸卡把它固定住，或者，用一根小棍把它撑住用线系牢。

双色花

5. 把这枝花放上几小时或一个夜晚。

第二天早上你再看见这朵花时，肯定会大吃一惊。因为花的一半是红的，而另一半却是蓝的，两种颜色的液体分别渗入了整个花朵和枝梗。根据这个道理，你还可以把花枝撕成四支，分别插入四个盛不同颜色水的玻璃杯。这样你可能得到一枝四色花。怎么样？神奇吧！

四、植物需要哪种光

实验材料和用具：豆类的种子、木盆。

实验步骤：

1. 请你找来一些豌豆（或其他豆类）的种子，用清水浸泡，让它吸足水分，然后播种在一个木盆里。

2. 在小苗长出两三个叶片的时候，从中挑选出九棵大小和长势基本相同的豆苗，分别栽种在九个小箱（或小花盆）里。

3. 把其中的七棵分别用红、橙、黄、绿、蓝、靛、紫七种颜色的玻璃罩（或塑料薄膜或玻璃纸）罩上。如果用塑料薄膜或玻璃纸的话，周围要用木条架起来固定住。

4. 剩下的两棵，一棵用不透光的纸盒罩上，另一棵裸露在自然光下。

如果材料允许的话，最好在这九种情况中，每一种都做两份进行对照。然后，把它们都放到向阳的地方。每天适当浇些水。

大约四五个星期以后，把罩全都打开，比较一下九种条件下幼苗生长的情况。这时候，你会发现，裸露在自然光中的幼苗，生长得最好。其次是蓝色和红色罩下的幼苗。绿色罩下的幼苗生长得最差，几乎和纸盒罩下的幼苗一样，变得又黄又弱，甚至可能已经死掉。

因为红色玻璃罩只能让红光透过罩里，其他各色光都被玻璃罩吸收了。同样，橙、黄、绿、蓝、靛、紫等各色的罩子也都只允许和它颜色相同的光通过，植物只得到相应的一种色光。纸盒是不透光的，幼苗得不到光照。而裸露的植物却能得到七种光照射，所以长得最好。

实验证明：红光和蓝光是植物最需要的光，它们对植物的光合作用和生长最有利。而绿色植物几乎是不吸收绿光的，绿光都被反射出来，所以我们才能看到植物的叶片是绿色的。

人们掌握了这个原理以后，就可以用人工的方法提高光合作用的效率，以达到增产的目的。目前，科学家已经制造了一种含有较强的红紫光灯泡，应用在温室栽培上。我国许多城区已经采用蓝色和红色的塑料薄膜来培育稻秧，普遍获得了培育壮苗和增产的目的。

五、绿叶造淀粉

实验材料和用具：两盆同样品种的植物（叶片要较大）、酒精、碘酒、烧杯（透明玻璃瓶也可）。

绿叶造淀粉

实验步骤：

1. 将一盆绿叶植物放在阳光下照射，另一盆放在暗处，并用黑布盖住。等待4天。

2. 第4天下午，从每盆植物上各取5张叶片，分别在叶片上，用小刀刻上记号。阳光下的叶片刻Y；暗处的叶片刻A。

3. 将叶子放到装有酒精的烧杯里，放在火上加热，当叶子由绿色变成黄白色时，把叶子取出。经清水冲洗后，再放在玻璃板上。

4. 在每张叶片上滴上2～3滴碘酒，5分钟后，再用清水把叶片上的碘酒洗掉，进行观察。

你可以看到经阳光充分照射的叶片变成了蓝色，说明叶片中有淀粉存在，而淀粉是由于光合作用制造出来的。放在暗处、未经阳光照射的叶片呈黄色，说明叶片上没有淀粉，证明无光照不能进行光合作用。

知识点

植　物

植物是生物界中的一大类。一般有叶绿素，基质，细胞核，没有神经系统。分藻类、地衣、苔藓、蕨类和种子植物，种子植物又分为裸子植物和被子植物，有三十多万种。植物是能够进行光合作用的多细胞真核生物。但许多多细胞的藻类也是能够进行光合作用的生物，它们与植物的最重要区别就是水生和陆生。

我们可下这样一个定义；植物是适于陆地生活的多细胞的进行光合作用的真核生物，由根、茎、叶组成，表面有角质膜、有气孔、输导组织和雌/雄配子囊，胚在配子囊中发育。这些重要区别说明植物与藻类十分不同，因此五界系统中把藻类列入原生生物界。但另一方面，藻类和植物有许多共同之处，是否确应属于不同的界，尚有争论。

延伸阅读

植物之最

1. 陆地上最长的植物

在非洲的热带森林里，生长着参天巨树和奇花异草，也有绊你跌跤的"鬼索"，这就是在大树周围缠绕成无数圈圈的白藤。白藤也叫省藤，中国云南也有出产。藤椅、藤床、藤篮、藤书架等，都是以白藤为原料加工制成的。

白藤茎干一般很细，有小酒盅口那样粗，有的还要细些。它的顶部长着一束羽毛状的叶，叶面长尖刺。茎的上部直到茎梢又长又结实，也长满又大又尖往下弯的硬刺。它像一根带刺的长鞭，随风摇摆，一碰上大树，就紧紧地攀住树干不放，并很快长出一束又一束新叶。接着它就顺着树干继续往上爬，而下部的叶子则逐渐脱落。白藤爬上大树顶后，还是一个劲地长，可是已经没有什么可以攀缘的了，于是它那越来越长的茎就往下坠，以大树当作支柱，在大树周围缠绕成无数的怪圈圈。

白藤从根部到顶部，达300米，比世界上最高的桉树还长一倍呢。白藤长度的最高记录竟达400米。

2. 开花最晚的植物

世界上开花最晚的植物是拉蒙弟凤梨，它的出产地是南美洲国家玻利维亚，它要生长150年后才开出花序，花序呈圆锥状。拉蒙弟凤梨一生只开一次花，开花后意味着它将枯萎、死去。

3. 最高的树

如果举办世界树木界高度竞赛的话，那只有澳洲的杏仁桉树，才有资格得冠军。

杏仁桉树一般都高达100米，其中有一株，高达156米，树干直插云霄，有五十层楼那样高。在人类已测量过的树木中，它是最高的一株。鸟在树顶

上歌唱，在树下听起来，就像蚊子的嗡嗡声一样。

这种树基部周围长达 30 米，树干笔直，向上则明显变细，枝和叶密集生在树的顶端。叶子生得很奇怪，一般的叶是表面朝天，而它是侧面朝天，像挂在树枝上一样，与阳光的投射方向平行。这种古怪的长相是为了适应气候干燥、阳光强烈的环境，减少阳光直射，防止水分过分蒸发。

4. 中国最高大的阔叶树

中国著名的云南西双版纳热带密林中，在 20 世纪 70 年代发现了一种擎天巨树，它那秀美的姿态，高耸挺拔的树干，昂首挺立于万木之上，使人无法仰望见它的树顶，甚至灵敏的测高器在这里也无济于事。因此，人们称它为望天树。当地傣族人民称它为"伞树"。

望天树一般可高达 60 米左右。人们曾对一棵进行测量和分析，发现望天树生长相当快，一棵 70 岁的望天树，竟高达 50 多米。个别的甚至高达 80 米，胸径一般在 130 厘米左右，最大可到 300 厘米。

望天树属于龙脑香科，柳安属。柳安属这个家族，共有 11 名成员，大多居住在东南亚一带。望天树只生长在中国云南，是中国特产的珍稀树种。望天树高大通直，叶互生，有羽状脉，黄色花朵排成圆锥花序，散发出阵阵幽香。其果实坚硬。望天树一般生长在 700 ~ 1000 米的沟谷雨林及山地雨林中，形成独立的群落类型，展示着奇特的自然景观。因此，学术界把它视为热带雨林的标志树种。

望天树材质优良，生长迅速，生产力很高，一棵望天树的主干材积可达 10.5 立方米，单株年平均生长量 0.085 立方米，是同林中其他树种的 2 ~ 3 倍。因此是很值得推广的优良树种。同时，它的木材中含有丰富的树胶，花中含有香料油，以及还有许多其他未知成分，尚待我们进一步分析研究和利用。

由于望天树具有如此高的科学价值和经济价值，而它的分布范围又极其狭窄，所以被列为中国的一级保护植物。望天树还有一个极亲的"孪生兄弟"，名为擎天树。它其实是望天树的变种，也是在 20 世纪 70 年代于广西被发现的。这擎天树的外形与其兄弟极其相似，也异常高大，常达 60 ~ 65 米，光枝下高就有 30 多米。其材质坚硬、耐腐性强，而且刨切面光洁，纹理美观，具有极高的经济价值和科学研究价值。擎天树仅仅被发现生长在广西的弄岗自然保护区，因此同样受到严格的保护。

5. 最矮的树

一般的树木能长到 20 ~ 30 米高。在温带的树林下，生长着一种小灌木，叫紫金牛，绿叶红果，人们都很喜爱它，常常把它作为盆景。它长得最高也不过 30 厘米，因此，大家给它起一个绰号，叫它"老勿大"。

其实"老勿大"比起世界最矮的树来，要高 6 倍。这最矮的树叫矮柳，生长在高山冻土带。它的茎匍伏在地面上，抽出枝条，长出像杨柳一样的花絮，高不过 5 厘米。如果拿杏仁桉的高度与矮柳相比，一高一矮相差 15000 倍。与矮柳差不多高的矮个子树，还有生长在北极圈附近高山上的矮北极桦，据说那里的蘑菇，长得比矮北极桦还要高。

高山植物为什么长不高呢？这是因为那里的温度极低，空气稀薄，风又大，阳光直射，所以，只有那些矮小的植物，才能适应这种环境。

探索性小实验

    探索性小实验是对某一研究对象的有益探索，是对所学知识的巩固和应用。在了解其基础知识上，探讨其有哪些属性和变化特征，出现什么样的现象，产生怎样的结果。通过这种探索性实验以获取更多的知识和技能，并在这样的实验过程中受到科学方法的训练，形成科学的态度和实践观念。

探索光线方面的小实验

一、有色的霜

    在寒冷的冬天，窗户上常有霜。霜是水的结晶体组成的。如果在窗台上有一个霜溶化后形成的小水坑。当你注视水坑时，会发现水坑上方霜图案的映像居然有颜色。冰晶体仍是无色的，这是为什么呢？做个实验探索一下。

    实验材料和用具：偏振片、窗上的霜。

    实验步骤：

    在被霜覆盖的玻璃两边各放一块偏振片，然后观察，你将会看到玻璃窗上的霜有颜色，你可知道为什么这样就能看见颜色呢？

    原来，冰是像偏振片一样的一种双折射材料。

大家知道，双折射材料中有一个快轴和一个慢轴。如果光平行于慢轴偏振，则折射率较高；如果光平行于快轴偏振，则折射率较低。当射出的光线碰到一块偏振片时，它能否穿过偏振光，这是由光的偏振轴和滤光片的偏振轴的相对取向决定的。

双折射材料对光偏振的影响取决于三个因素：沿快轴的折射率、材料的厚度和光的波长。如果让白光通过双折射材料及其两侧安放的滤光片，虽然白光是直接射入第一块偏振片的，但由于又透过第二块偏振滤光片，因而能看见的只是某些波长的光。如果转动两块偏振片或双折射材料，则从第二块滤光片发出的颜色会变化。

有色的霜

因此，在被霜覆盖的玻璃两侧各放一块偏振片时，所有具有合适厚度的取向的晶体都会引起颜色的变化。不过，光轴和视线平行的晶体不会产生颜色，因为这一晶体不会发生双折射现象。

通过水坑而不是通过偏振片，为什么也可看见霜的颜色呢？

这是因为，从天空来的散射光可能发生强烈偏振。如这样的光照射窗子，就不需要用第一块偏振滤光片。若光通过霜，然后从水坑中反射，就能起到第二块偏振滤光片的作用，因为反射能引起偏振。

这样，当你注视窗台上霜溶化成的水坑时，就能看见水坑上方玻璃窗上的霜被抹上了色彩。

二、变多的筷子

实验材料和用具：筷子。

实验步骤：

拿一根筷子，在阳光下，很快地来回挥动，你所看到的筷子成了一个"扇面"的形状。晚上，在日光灯下，你也这样做做看，你看到的筷子就不像"扇面"了，而像一排"扇骨"。

这是怎么回事呢？

原来，日光灯发出的是每秒钟闪动 100 次的光，人眼视觉暂留是 1/16 秒，所以不觉得日光灯在闪动。在日光灯下挥动筷子，在日光灯不发光的瞬间出现了暗影，在日光灯明亮的瞬间筷子很明显，这样就出现了明暗相间的一排"扇骨"。而太阳光是一种连续光，在这样条件下，快速挥动筷子，只出现"扇面"，不会出现"扇骨"。

三、看色识物

实验材料和用具：食盐、硫酸铜、硼酸、铁丝。

实验步骤：

1. 把铁丝的一头弯成一个小圆圈，沾水后，放在酒精灯或蜡烛的火焰上烧一烧，不要使上面留有任何东西。

2. 把干净的圆圈先插入水中，再插入盐中，盐粒可以附在圆圈上，把它放在火焰上烧，你能看到黄色的火焰，这是因为盐里含钠。而硼酸含硼，产生绿色火焰。硫酸铜晶体产生美丽的蓝色火焰。

其实，各种物质燃烧时都能产生自己特有的颜色。科学家利用光谱仪把各种物质燃烧时产生的颜色拍摄记录下来，成为光谱图。通过光谱图可以鉴定被测物质的化学成分。

四、手表显影

有些夜光表上的数字和指针是涂了微量含镭物质和荧光粉的。现在我们来做一个显影实验。

实验材料和用具：夜光表。

实验步骤：

1. 在暗室里，剪下一小块照相胶卷，并用黑纸包好（千万不能漏光）。

2. 在纸包上放一枚回形针，再盖上一层纸，然后把夜光手表的表面扣在纸上，经过十个小时到几天的时间，把胶片冲洗出来，你就能得到一张清晰的、印有回形针的底片。

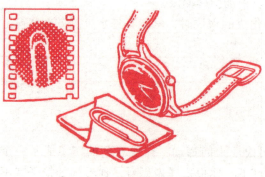

手表显影

这是因为镭是一种放射性元素，它能放射出一种肉眼看不见的射线。这种射线能穿透纸张，并能使底片感光。法国物理学家贝克勒耳就是看到铀盐（放射性物质）使包在黑纸里的照相底片感光，大受启发，因而发现了铀的放射性。

五、海市蜃楼

实验材料和用具：铁制脸盆、细沙、硬纸。

实验步骤：

把门窗关上，使室内的空气稳定下来。在脸盆的盆底内铺上一层细沙，再在靠近脸盆的细沙上放一些硬纸做的房屋和树木。然后把脸盆放在有火的炉子上，等脸盆里的细沙发烫时，沿着盆沿仔细观察，你会看到在对面的盆沿上，有倒悬着的房屋和树木的幻影。

这是光的折射造成的，沙面的一薄层密度较小的热空气使光线发生折射，沙漠中会出现"海市蜃楼"也是这个原因。

六、灿烂的星光

很多人都喜欢看焰火，有一类焰火像一闪一闪的星光一样，很引人注目。这是一种最简单的焰火，你自己也可以制做。

实验材料和用具：铝粉或镁粉、酒精灯。

实验步骤：

天黑时，先把酒精灯点着（如果没有酒精灯，也可以用蜡烛代替），最好把屋子里的电灯关掉，然后慢慢地把铝粉或镁粉（铝粉俗称银粉，油漆颜料商店出售）撒在火焰上，就会产生一闪一闪的炫目的星光，但它比真的星光要亮得多了。

这是因为镁粉燃烧时，生成氧化镁粉末，就会发出强烈的闪光。所以，做实验时要注意每次撒的铝粉不要太多，慢慢地撒。

七、人造彩虹

实验材料和用具：一个玻璃杯、一张白色卡片。

实验步骤：

1. 在一个盆子里装大半盆水，取一面镜子搁在盆中的一边，并与盆壁形成一定的角度，拿一支手电筒把光束对准浸在水中的镜子。

在手电筒旁边持一张白色的卡片。不断调整手电筒和卡片的位置，直到能看见从水中的镜子反射到自卡片上的彩虹颜色。

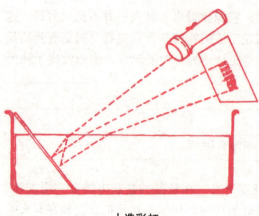

人造彩虹

2. 如果使用电筒做光源不方便或不清楚,还可以借用太阳光。

用一张硬纸,在中间剪个小洞,把洞对准太阳,使阳光通过这个洞形成光束射到盆中的镜子上。这时,如果镜子安放的位置、角度合适,就可以利用房间的墙壁来取代白卡片作为显示彩虹颜色的屏幕。

这种人造彩虹,其实是光线被水折射后,投射到白纸上的颜色,是被阳光分解后的颜色,其原理跟天空中彩虹的形成是一样的,由于光折射的角度不同而颜色各异,因而形成了彩虹。

这个实验证明,普通的光实际上是由几种不同颜色的光组成的。

知识点

日光灯

日光灯又称荧光灯。样子细细的,长长的。日光灯两端各有一灯丝,灯管内充有微量的氩和稀薄的水银蒸气,灯管内壁上涂有荧光粉,两个灯丝之间的气体导电时发出紫外线,使荧光粉发出柔和的可见光。

灯管开始被启动点燃时需要一个高电压,正常发光时只允许通过不大的电流,这时灯管两端的电压低于电源电压。这个高电压,就由我们平时所说的跳泡(镇流器)提供。

延伸阅读

日光灯的维护

使用日光灯时注意以下几点:一是使用日光灯要注意避免频繁启动。日光灯寿命一般不少于 3000 小时，其条件是每启动一次连续工作 3 小时。随着每启动一次连续工作时间的长短，灯管的寿命也相对延长或缩短。因为每启动一次，灯管的灯丝受高压冲击，启动时的电流是正常工作时电流的 2～3 倍。启动加速了灯丝上电子发射物质的消耗，当灯丝上的电子发射物质消耗尽了，灯管的寿命也就完了。所以使用日光灯时要尽量避免不合理的频繁启动。

二是电源电压高与低也会缩短日光灯的使用寿命。电压高于日光灯正常工作电压时，无疑使流过灯管的电流加大，灯丝的损耗加速，缩短了灯管的寿命。另外，这种情况还会使镇流器过热，造成绝缘物外溢或绝缘损坏而发生短路事故。但电压低于日光灯正常工作电压，也会使灯管的寿命缩短。因这时灯丝的预热温度低，启动困难，频繁地闪亮，使灯丝的损耗太大。因此，在电压高的地方要采取适当的降压措施，如接扼流圈或暂时改变镇流器的配套关系（40 瓦灯管暂用 30 瓦镇流器等）；还要注意在用电高峰时减少启动次数。

三是在正常电压下，灯管与镇流器要配套使用。否则会使流过灯管的电流不正常，造成不必要的损失，或造成启动困难，镇流器反复跳动方可启动灯管，这使灯丝受离子轰击的次数增多，加速了灯管的老化。

探索气体方面的小实验

一、能灭火的气体

擦燃一根火柴，放入空牛奶瓶或大口瓶的瓶口，火柴能继续燃烧。这是因为火柴能够从它周围得到燃烧所需要的氧气。

现在再做一个实验。

实验材料和用具：发酵粉、醋、牛奶瓶或大口瓶。

实验步骤：

将一大汤匙发酵粉放入牛奶瓶或大口瓶里，再倒入 1/4 玻璃杯的醋。瓶子便被渐渐释放出来的二氧化碳气充满了，原先在瓶内的空气全给挤了出来。当瓶内不再起泡时，说明瓶子里面全是二氧化碳气了，这就好像水装在瓶子里面一样。

将燃烧着的火柴放到瓶口试一试，一下子就熄灭了。

这一火柴放到瓶口就熄灭的现象的原因，是火柴周围已不存在帮助它燃烧的空气。

你做的这个实验也证明了二氧化碳的气体比空气重，它不是浮在上面而是沉在瓶底的。我们还能把二氧化碳气体像水一样从这个瓶子倒到另一个瓶子里去，下面就做这个实验。

把一小段矮于瓶口的蜡烛放在一个大口瓶里，并把它点燃。

按上述实验方法另外用一只瓶子准备好一瓶二氧化碳气体。当这只瓶子里的大的气泡冒得少了时，立即把里面的二氧化碳气体像倒水那样慢慢地倒入放着蜡烛的大口瓶里。注意别把瓶子里的醋给倒出来。二氧化碳气体在大口瓶里满到烛焰高时，烛火即自行熄灭。然而你却看不到二氧化碳气体，只能看到烛火被灭掉了。

在二氧化碳气体中什么东西都无法燃烧，所以它是很好的灭火剂。我们在学校里和其他建筑物的墙上看到的灭火筒，里面就藏有二氧化碳气，不过它已经和肥皂状液体混合在一起了。一喷，它能产生泡沫，射向火焰把火熄灭。

二、汽水里面的气体

再做一个产生二氧化碳的实验。

实验材料和用具：醋、发酵粉、樟脑丸，装水的玻璃杯。

汽水里面的气体

实验步骤：

把一大汤匙的醋和发酵粉倒在一玻璃杯的水中，再放三粒樟脑丸进去，在樟脑丸上即刻出现许多二氧化碳的小气泡，这些小气泡好像一个个浮筒，把樟脑丸浮起在水面上。气泡破后，樟脑丸下沉，再出现气泡，樟脑丸又浮上来。这种时而浮起时而下沉的情况可以续好几个小时，直到这种化学反应完结为止。

请注意有些气泡始终不破，但是这些气泡往往出现在粗糙的樟脑丸表面上。这些气泡好像汽水里产生的气泡。我们喝的汽水就是把配有糖和香料的水加入二氧化碳的气体制成的。这种气体实际上已溶在水里。打开汽水瓶塞，冒上来的小气泡就是二氧化碳。这些气泡使汽水产生一种碳酸气的味道。

三、催熟气

下面介绍一个催熟水果的实验。

实验材料和用具：96％乙醇、浓硫酸、带弯曲导管和实验温度计的像皮塞的烧瓶、广口瓶、酒精灯。

实验步骤：

1. 取一支圆底烧瓶，注入5毫升浓度为96％的乙醇，然后慢慢加入10毫升浓硫酸（一定要将浓硫酸加入乙醇中，以免发生危险）。配一个带弯曲导管和一支实验用温度计的橡皮塞。将烧瓶固定好待用。

2. 再找一个带螺扣盖的广口瓶（最好用装果酱用的铁盖玻璃瓶），装满水，倒放在水盆中，选一个刚好放进瓶子里的绿色小苹果，或青西红柿。

3. 点燃酒精灯，给圆底烧瓶加热。注意：温度一定要控制在160°。将导管放进装满水的瓶中，用排水取气法制取一瓶乙烯气体。

4. 取出瓶，将选好的苹果放进瓶中，将盖子盖好，拧紧，放到不见光的地方。几个小时后，苹果原来的颜色消失，生水果就完全熟透了。

这是什么道理呢？原来，乙烯有一种特殊的性质：它具有促使植物的果实早熟的催熟着色的本领；还具有使动物昏迷、植物"睡觉"的麻醉能力。人们常常利用乙烯的这个特性，把快要成熟的水果摘下来，运到目的地，在乙烯气体中放置几天，使水果成熟。这样可以大大减少运输中的损失。乙烯也可以使大量的橡胶乳流出，提高橡胶的产量。

乙烯还是重要的工业原料，用来合成乙醇、环氧乙烷、乙二醇和聚乙烯等。我们所用的软塑料茶杯、饭碗、小瓶等，绝大部分是由聚乙烯塑料制成的。

四、酒瓶"炮"

下面的实验让你见识一下酒瓶里发生的化学反应的能量，能像"炮"一样。

实验材料和用具：空酒瓶、软木塞、小苏打粉、白醋。

实验步骤：

找一只空酒瓶，洗干净，把大约3.5克小苏打粉（可用压碎的小苏打药片）放入瓶里，然后

酒瓶"炮"

倒进一些白醋，迅速塞上软木塞（不能用橡皮塞），不要塞得太紧，不漏气就可以了。事先在地面上平行放两根细圆棍（或铅笔），"装药"后的酒瓶就放在细棍上。过一会，瓶子会"嘭"地一声，把塞子发射出去，瓶身向后反冲。

这个实验的原理很简单，是因为小苏打的化学成分是碳酸氢钠，遇到醋酸后发生化学反应，产生大量二氧化碳气体，使瓶中压力大增，最后就发生"开炮"现象了。

注意：这个实验必须在室外空旷处进行，放下"装药"的酒瓶后应迅速后退，而且千万不要站在"炮口"前。

五、气球提杯

用一个气球，可以把一只茶杯提起来。你来试试这个小实验吧！

实验材料和用具：气球、茶杯。

实验步骤：

把一个干瘪的气球放入茶杯中，然后轻轻地往气球里吹气，当气球被吹得很大时，松开按住茶杯的手，茶杯不会掉下来，这样，气球就可以把茶杯提起来了。

为什么茶杯会紧靠在气球上不掉下来呢？因为气球还比较小的时候，即直径比较小，气球占据杯中空间比较多；气球吹气变大的时候，占据杯中的空间小，杯中的空气体积增大，杯中的压力就低于大气压。是大气压力把茶杯压紧在气球上。

六、跳舞的气泡

这是一个可以展示的有趣实验，让你的朋友猜一猜原理。

实验材料和用具：四氯化碳、深碗。

实验步骤：

把几小勺四氯化碳液体放进一只深碗里。把碗放在一个盛有热水的盆子里，等几分钟，四氯化碳溶液开始蒸发，然后吹出一个肥皂泡。如果让肥皂泡落在碗的上方，它就会跳起舞来，就像在看不见的垫子上跳舞一样。这是因为比空气重5倍多的四氯化碳蒸气对肥皂泡产生了浮力。

提示：做这个实验最好要在没有风的地方。

七、烟圈炮

实验材料和用具：硬纸筒、牛皮纸。

实验步骤：

1. 找一个硬纸筒当做炮身，把两个口用牛皮纸封住，牛皮纸要尽量绷紧。在一端的牛皮纸当中剪一个直径约 1 厘米左右的圆孔，如图所示。

2. 要放烟圈，就得要有烟，请一位会吸烟的人从小圆孔中吹进几口浓烟。

3. 把炮放平，用手指一下一下地弹纸筒的底面，就会看见一个个美丽的烟圈从圆孔里飞出来。即使没有烟，用同样的方法弹筒底，也能产生看不见的气浪。如果炮口对得很准，一个气浪就能把十几厘米远的蜡烛火焰扑灭。

烟圈炮

因为弹击筒底时，纸筒里的空气受到压缩就从小孔中喷出，形成一个气浪，这种气浪的速度和力量都比较大，足以把烛焰扑灭。

八、自己走路的杯子

实验材料和用具：杯子一个、蜡烛、火柴、玻璃板、两本书、水。

实验步骤：

1. 用一块玻璃板，放在水里浸一下。

2. 玻璃一头放在桌子上，另一头用几本书垫起来（高度约5cm）。

3. 拿一个玻璃杯，杯口沾些水，倒扣在玻璃板上。

4. 用点燃的蜡烛去烧杯子的底部，玻璃杯会自己缓缓地向下走去。

为什么会这样呢？其实，当烛火烧杯底时，杯内的空气渐渐变热膨胀，要往外挤，但是，杯口是倒扣着的，又有一层水将杯口封闭，热空气跑不出来，只能把杯子顶起一点儿，在自身重量的作用下，就自己下滑了。

九、萝卜吸盘子

一根小小的水萝卜能把一只盘子吸住，你认为这事可能吗？只要亲自试一试，就会得到答案。

实验材料和用具：新鲜的水萝卜、刀、盘子。

实验步骤：

1. 用锋利的刀在新鲜的萝卜中间把它切开，要求切得很平直。

萝卜吸盘子

2. 在中间挖个浅凹坑，把带有根须的半个萝卜的切面，按在盘子的中心位置，然后慢慢地提起萝卜，盘子也会跟着萝卜被提起来。

这是因为萝卜和盘子接触面有一层很薄的水，萝卜被提起来时，在萝卜的凹坑处形成了近似真空的状态，这时大气的压力就会把盘子托住了。在工厂里经常用真空吸盘来送料，搬运零件。

 知识点

二氧化碳

二氧化碳是空气中常见的化合物，其分子式为 CO_2，由两个氧原子与一个碳原子通过共价键连接而成，常温下是一种无色无味气体，密度比空气略大，能溶于水，并生成碳酸。固态二氧化碳俗称干冰。二氧化碳被认为是造成温室效应的主要气体。

 延伸阅读

干冰的广泛用途

液态二氧化碳蒸发时会吸收大量的热；当它放出大量的热气时，则会凝成固体二氧化碳，俗称干冰。干冰的使用范围广泛，在食品、卫生、工业、餐饮、人工增雨等领域有大量应用。主要有：

1. 在工业模具方面的应用

轮胎模具、橡胶模具、聚氨酯模、聚乙烯模、PET 模具、泡沫模具、铸塑模具、合金压铸模、铸造用热芯盒、冷芯盒，可清除其上的余树脂、失效脱膜层、炭化膜剂、油污、打通排气孔，清洗后模具光亮如新。

2. 干冰在石油化工领域的应用

清除主风机、气压机、烟机、汽轮机、鼓风机等设备及各式加热炉、反应器等的结焦结炭。清洗换热器上的聚氯乙烯树脂；清除压缩机、储罐、锅炉等各类压力容器上的油污、锈污、烃类及其表面污垢；清理反应釜、冷凝器；复杂机体除污；炉管清灰等。

3. 干冰在食品制药领域的应用

可以成功去除烤箱中烘烤的残渣、胶状物质和油污以及未烘烤前的生鲜制品混合物。有效清洁烤箱、混合搅拌设备、输送带、模制品、包装设备、炉架、炉盘、容器、辊轴、冷冻机内壁、饼干炉条等。

4. 干冰在印刷工业中的应用

清除油墨很困难，齿轮和导轨上的积墨会导致低劣的印刷质量。干冰清洗可去除各种油基、水基墨水和清漆，清理齿轮、导轨及喷嘴上的油污、积墨和染料，避免危险废物和溶液的排放，以及危险溶剂造成的人员伤害。

5. 干冰在电力行业中的应用

可对电力锅炉、凝汽器、各类换热器进行清洗；可直接对室内外变压器、绝缘器、配电柜及电线、电缆进行带电载负荷（37kV 以下）清洗；发电机、电动机、转子、定子等部件无破损清洗；汽轮机、透平叶轮、叶片等部件锈垢、烃类和粘着粉末清洗，不需拆下桨叶，省去重新调校桨叶的动平衡。

6. 干冰在汽车工业中的应用

清洗门皮、蓬顶、车厢、车底油污等无水渍，不会引致水污染；汽车化油器清洗及汽车表面除漆等；清除引擎积碳。如处理积碳，用化学药剂处理时间长，最少要用 48 小时以上，且药剂对人体有害。干冰清洗可以在 10 分钟以内彻底解决积碳问题，即节省了时间又降低了成本，除垢率达到 100%。

7. 干冰在电子工业中的应用

清洁机器人、自动化设备的内部油脂、污垢；集成电路板、焊后焊药、污染涂层、树脂、溶剂性涂覆、保护层以及印刷电路板上光敏抗腐蚀剂等的清除。

8. 干冰在航空航天领域的应用

导弹、飞机喷漆和总装的前置工序；复合模具、特殊飞行器的除漆；引擎积碳清洗；维修清洗（特别是起落架—轮仓区）；飞机外壳的除漆；喷气发动机转换系统。可直接在机体工作，节省时间。

干冰在船舶业、核工业、美容行业等都有应用。

探索化学方面的小实验

一、制造二氧化碳实验

当一颗子弹里的火药或炸药爆炸的时候，猛然释放出大量气体，使爆炸力具有极大的破坏性。那么，子弹还没有发射，炸药还没有爆炸的时候，这些气体藏在哪里呢？原来这些气体都是与固体物质在一起的。搞一次小型的、不会造成什么破坏的爆炸，我们便可以了解到这种化学作用是怎样产生的。

实验材料和用具：一个大瓶子和一个能够密封瓶口的软木塞、发酵粉。

实验步骤：

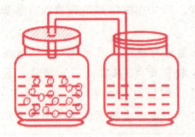

制造二氧化碳实验

1. 先将一张小纸折出一条折痕，再把纸摊开，放上两大匙发面团用的发酵粉。把发酵粉徐徐倒入瓶里。

2. 预备好一支试管，里面装满醋，并且把软木塞用水打湿。动作要快，一只手拿着软木塞，另一只手拿着盛满醋的试管，把醋迅速倒进瓶里，立刻把塞子塞上，但注意不要塞得太紧。

3. 瓶子里的东西突然发出呲呲声，涌起很多泡沫，不一会瓶塞就会呼的一声飞起来。

发酵粉是化合物碳酸氢钠的俗名。它由钠、氢、碳和氧元素组成，与醋混合以后，经过化学反应，放出一种叫做二氧化碳的气体，这种气体在瓶子里面集结起来，最后把瓶塞给冲跑了。

二氧化碳是碳和氧的化合物。碳和氧的原子是碳酸氢钠分子的一部分。醋可以把这种原子释放出来。

二、探索自制电木实验

实验材料和用具：苯酚晶体、37%甲醛水溶液、六次甲基四胺、烧杯、烧瓶。

实验步骤：

1. 称15克苯酚晶体，放在烧杯中。把烧杯放在温水里使苯酚晶体熔化，然后注入一个150毫升的圆底烧瓶中。

2. 再往圆底烧瓶中加入15克37%的甲醛水溶液，使它们充分混合，接着注入1毫升浓氨水。

3. 配一个带有长玻璃管和实验用温度计的软木塞，把烧瓶口塞好。把烧瓶固定在铁架台上。慢慢地以小火加热，使混合液达到沸腾，不断轻轻地摇动烧瓶，把温度控制在95℃~98℃之间。仔细观察，当混合液变成乳白色并且有些黏稠的时候，把酒精灯移开，使其冷却。

4. 冷却后，倒去上层的水，将下层乳白色（有时可能是红棕色）的物质倒入一个蒸发皿中。加热蒸发皿（不要加热过甚，否则会影响后面的实验），不断用玻璃棒搅动，并经常蘸取少许，试其脆性，直至加热物冷却后发脆为止。这时停止加热、冷却。然后将其研碎，并混入2克六次甲基四胺，拌匀。

5. 取一支干净的试管，将粉末装入试管压紧，在小火上缓缓烘烤。约20分钟后，一块结实坚硬的电木便做成了。

电木是塑料"家族"中的一个成员。它是电的不良导体，被广泛应用在电器材料上，如电器开关、灯头、电话机壳、仪表壳和一些机器的零件等等。故此人们就总是叫它"电木"。

这一反应的原理是：苯酚和甲醛混合后，在加热的情况下分子间就发生了反应，脱去水分子，是一种分子缩聚合反应；然后，苯酚和甲醛反应的生成物再相互进一步缩合联接起来，逐步成为高分子物质，即电木。所以我们看到烧瓶中的液体变得浑浊而有些黏稠起来。以后，又与六次甲基四胺混合加热，是为了使其进一步交错连接，成为更加巨大的立体型高分子物质。由于是甲醛和苯酚混合形成的，所以电木的学名叫酚醛塑料。

注意：甲醛和苯酚都有强烈的刺激气味，甲醛还有一定的毒性；苯酚有剧烈的腐蚀作用，实验时一定不要让药品接触皮肤。实验要在通风的地方进行。至于往反应液中加入氨水，是为了加快甲醛和苯酚的反应速度。

三、烛焰显字

我们知道，呼吸是一种缓慢的燃烧。除此以外，氧气和别的物质慢慢结合则是另一种看不到烟和火的燃烧。要想看到这种变化，做个显字实验就行了。

实验材料和用具：醋、钢笔、蜡烛。

实验步骤：

1. 把钢笔在醋里面蘸一下，再在一张厚厚的白纸上写上几个字。要多蘸几次，使字的笔划粗重。醋很快就干了，而且不留一点痕迹。

2. 点一支蜡烛放在水槽里，因为这样会使实验安全妥当。

3. 放好蜡烛以后，就把这张用醋写了字的纸放在烛焰上大约 2.5 厘米高的地方烘烤，注意要把纸片不停地移动，不能只烤一点，否则纸容易着火。这样过了不久，你就会看到纸片上颜色焦黄的字迹。

其实，这是因为你用醋在纸上写字的地方，醋与纸发生化学变化，形成了一种化合物。这种化合物比纸上没有写字的地方更易燃烧，纸在烛焰上烤的时候，写上字的地方就先被烤焦。用柠檬汁、葡萄汁或者牛奶汁写字，结果也会同醋写的一样。

四、显现指纹

指纹是每个人的特征，但是你在许多东西上留下的指纹并不会产生什么明显的痕迹。下面介绍一个很简便的显现指纹的实验。

实验材料和用具：凡士林或擦手油。

实验步骤：

1. 在你的手指上涂一层极薄的凡士林或擦手油（注意，只要轻轻一抹就可以了）。

2. 让手指在一张白纸上压一下，你的指纹就会留在这张白纸上。这时，你当然看不出纸上有什么痕迹。

3. 在一支干燥的小试管中加入少量碘片，放在酒精灯上加热，即产生紫色的碘蒸气。让刚才那张按过指纹的白纸与碘蒸气接触，就会在白纸上显现出你的指纹。

如果你找不到碘片，也可以用消毒用的碘酒来代替，但是加热的时间要长一些，要等碘酒中的溶剂挥发以后，才

显现指纹

能产生碘蒸气使白纸显现指纹。

做完实验以后，你一定会问，指纹是怎样显现出来的呢？原来当你的手指上涂了一薄层凡士林以后，只在指纹的凸出处抹上了油，而在指纹的缝隙中是没有油的。这样，当你的手指压在白纸上以后，纸上一部分吸上了油，而另一部分没有吸油。如果用碘蒸气熏纸，有油的地方是不会吸附碘蒸气的，而没有油的地方则会吸附碘蒸气，于是正好显现出你的手指的指纹。

为了做好这个实验，也要注意两点：

1. 手指上抹的油不可太多，只要轻轻地抹一薄层就行，切不可在指纹的缝隙内也抹上油。

2. 吸附在纸上的碘蒸气不宜太多，只要能看到出现指纹就可以了。熏的时间太长了，碘的结晶会逐渐长大，反而会把指纹掩盖起来。

五、寻找铜晶体

"铜晶体"这一名词听起来非常陌生，这种实物也很少有人见过，但它的确是存在的。不信，你可以按照以下的方法做一个有趣的实验。

实验材料和用具：硝酸铜溶液、铜丝。

实验步骤：

1. 先配制两种铜盐的溶液：一种是浓的，25 毫升 2mol/L 硝酸铜溶液；另一种是稀的，25 毫升 0.2mol/L 硝酸铜溶液。在后一种溶液中还要加入 2～3 滴浓硝酸。

2. 取一支试管（容积为 70～80 毫升），配上一个橡皮塞或软木塞，塞子的中央钻一细孔，孔内插入一根粗铜丝（可用刮掉漆膜的漆包线代替）。铜丝要稍粗一点，太细了在溶液中立不起来。

3. 把试管放在试管架上，先倒入 25 毫升 2mol/L 硝酸铜溶液，然后沿着试管壁慢慢地再倒入 25 毫升 0.2mol/L 硝酸铜溶液。注意，切勿使这两种浓度不同的溶液混合起来。浓的硝酸铜溶液比较重，就在试管的下半部；稀的硝酸铜溶液比较轻，在试管的上半部，我们应该能够清楚地看到它们之间有明显的分界面。

4. 小心地把带有塞子的粗铜丝插到试管中。插时，动作要既轻又慢，不要把两种浓度不同的溶液搞混了。

过了几天以后，你会看到铜丝的下端附着了光亮的铜晶体。如果晶体不太多，还看不清楚，你也不必焦急，再等上几天，一定会长出美丽的铜晶体。把铜丝从溶液中取出，用水洗净后，再用放大镜观察，晶体的形状就更为清晰可见了。你还可以把它保存起来，供别人欣赏。

六、金属霜花

冬天的清晨，玻璃窗上常常会结上一层美丽的霜花，朝阳透过霜花，使你如同置身在冰雪世界中。如果你在夏天也要领略一下这种美丽的景色，最好做一些人造霜，这些霜是用金属做的，不论春夏秋冬，永不消失。赶快来做这个实验吧！

当然，在开始时，你可以用少量的药品和材料做一个小试验。

实验材料和用具：玻璃片、薄锌片、1%硝酸银溶液。

实验步骤：

1. 取两小块擦得很干净的玻璃片（其中的一块可以略小一些）。

2. 先在较大的玻璃片的中央放一小块薄锌片，在小的玻璃片的边角上滴一滴1%硝酸银溶液。然后轻轻地把两块玻璃片压在一起，这时，硝酸银溶液就会慢慢地在两块玻璃片的中间扩散开来，而与锌片相接触，于是锌置换硝酸银中银离子的反应就开始了。

$$2AgNO_3 + Zn = 2Ag + Zn（NO_3）_2$$

由于溶液很稀，又很少，所以置换反应进行得很慢，经过一段比较长的时间后，在玻璃片上长出了银树。由于这种银树的形状是扁平的，就像贴在玻璃片上一样。它在阳光下闪闪发光，跟你在严冬季节看到的玻璃窗上的霜花一模一样。

如果你的小实验很成功，就可以进行放大实验。不过，小实验放大，也像把科研成果搬进大工业生产一样，不一定能够一次成功。可能还得花费不少的时间和精力，但是，请相信，这些精力是决不会白白付出的。

七、摩擦结"冰"

实验材料和用具：硫酸钠晶体、试管、玻璃棒。

实验步骤：

1. 取一个干净的试管，注入半管冷水，加入含有结晶水的硫酸钠晶体，用搅棒不断地搅拌，加到晶体不能再溶为止。

2. 再多加一些晶体，用热水温热使它全部溶解（温度不得超过32.4℃，因为含十个结晶水的硫酸钠在32.4℃以上即脱水，变成无水硫酸钠，无水硫酸钠的溶解度随着温度的上升反而减少）。

3. 用纸片将试管口盖好（防止落入灰尘，影响实验效果），静止冷却。

4. 约一小时后，小心将纸片取走，用玻璃棒剧烈地摩擦试管壁，你就会看见液体中有"冰块"析出来。

原来并不是试管里结了冰，而是析出了硫酸钠晶体。为什么用玻璃棒摩擦试管壁就会析出晶体呢？因为硫酸钠在室温下的水中，已经溶解到不能再溶的程度了，也就是达到了饱和状态。由于硫酸钠在32°以下，溶解的数量随着温度的升高而增加，所以温热后，未溶的那部分硫酸钠也溶解了。它的浓度就比室温时大，这种溶液叫"过饱和溶液"。过饱和溶液不如饱和溶液稳定（处于介稳定状态），它极易析出溶质转变为饱和状态。因为这个试管中硫酸钠的过饱和溶液，冷却得慢又没大的灰尘落入，更没有同晶体存在，所以它没有晶体析出。但当用玻璃棒摩擦试管壁时，可以促进晶核的形成，破坏溶液的过饱和状态，于是过量的硫酸钠便迅速地形成结晶析出，试管内就像气温骤然下降一样，结了"冰"。

我国有些内陆湖含有大量的碳酸钠，就是我们通常说的碱。在天冷时，从湖中析出大量的碱晶体，这就是由于温度降低使碳酸钠溶解度也降低的缘故。利用这个原理，还可以进行人工降雨，战胜旱灾。

八、探索鸡蛋的渗透作用

下用介绍一下用鸡蛋做的渗透作用的实验，一些同学可能知道：用肠衣、萝卜皮、猪膀胱和火棉胶也可以做这个实验，但用鸡蛋做该实验，在以下两方面都有改进：

1. 用鸡蛋壳做实验可以说是废物利用，处处都有，不像肠衣、猪膀胱那样不易得到。

2. 鸡蛋壳内的那层薄膜是一种效率很高的半透膜，所以本实验所用的蔗糖溶液比较稀，可以节省蔗糖。

实验材料和用具：小刀，鸡蛋、细玻璃管、石蜡、玻璃杯。

实验步骤：

1. 用锋利的小刀在鸡蛋大头的一端挖出一个小圆洞，洞的大小以能在洞内插进一根细玻璃管为宜，然后让鸡蛋内的蛋白和蛋黄从小洞中流出来（用碗接受后，可供食用，以免浪费）。

2. 把鸡蛋壳小的一头（约占整个鸡蛋壳面积的1/3）泡在6M盐酸中，把这1/3的蛋壳溶解掉，使它只剩下一层薄膜。小心地用滴管慢慢地将5%蔗糖溶液（里面加几滴红墨水以染成红色）加到鸡蛋壳内，直到加满为止。把一支长20厘米的细玻璃管插在蛋壳上的小圆洞内，再把熔化的石蜡滴在玻璃管与蛋壳的接缝处，使它完全密封。

3. 找一个大小合适的玻璃杯或玻璃瓶，在里面装满清水，把装满蔗糖溶液和带有玻璃管的鸡蛋壳全坐在玻璃杯（瓶）上，使蛋壳能卡在杯口，而薄膜部分则完全浸在水中。

不久，你会发现红色的蔗糖溶液慢慢地在玻璃管内上长，几个小时以后，溶液就会溢出管口，说明玻璃杯中的水已经渗透到鸡蛋壳里面了。

注意，本实验所用的鸡蛋必须是新鲜的，不能用经石灰（或水玻璃）处理过的鸡蛋。

九、粘合塑料和有机玻璃

在我们日常生活中会经常和塑料制品打交道，例如用塑料布做成的桌布、床单、雨衣、窗帘，还有塑料牙刷、梳子、肥皂盒，以及各种食具、玩具等等。有的时候还会碰到有机玻璃制品，如眼镜架。

但是，塑料制品也有损伤的时候，例如塑料布破了，牙刷柄断了、眼镜腿折了。如果你自己能够修修补补，不也是一件既有趣又有益的事情吗？不过，在你学会修补以前，还要大致了解一下它们的组成和性能。

我们最常用的塑料制品有两种，一种是聚氯乙烯制的，一种是聚乙烯制的，普通用做雨衣、桌布以及玩具的原料都是聚氯乙烯。有些食具如奶瓶等则是聚乙烯制的。聚氯乙烯制品比聚乙烯制品要硬。聚乙烯制的肥皂盒很软，聚氯乙烯制的肥皂盒很硬而且比较脆。有机玻璃是由甲基丙烯酸甲酯聚合而成的。

聚氯乙烯最好的溶剂是四氢呋喃。有机玻璃的溶剂可以用三氯甲烷（俗称氯仿）、二氯乙烷和丙酮。粘合时，可以直接用这些溶剂把塑料或有机玻璃粘合在一起。也可以把少量的塑料和有机玻璃溶解在这些溶剂中，配成溶液后作为粘合剂，粘起来效果会更好些。

现在分别做以下几个实验：

1. 塑料盒的制作

如果你喜欢自制一些仪器仪表，例如制作一个万用电表、半导体收音机或者插销板。它们都需要外壳，如果用塑料板制作外壳，既干净又方便，所用材料只是普通的灰色聚氯乙烯塑料板。

先按设计好的规格，用钢锯把塑料板锯成各种大小和形状。如果没有钢据，用一段废锯条也能把塑料板锯开。然后，用锉刀或砂纸把塑料板的剖面磨平。磨平这一道工序很重要，例如一块方形或长方形的塑料板，只有使它的剖面平整，它的四个边角才能成直角，这样的塑料板粘成的方盒（或长方盒）的角度才合适，外形也整齐。而且剖面平的塑料板粘合时接触面积大，粘得牢。剖面不平的，粘合后，板与板之间就会有缝隙。

有了各种规格的塑料板以后，就可以开始粘接了。例如你要做一个方盒，先在塑料板的剖面涂一薄层四氢呋喃，然后把板垂直地粘在另一块板上（这时一定要注意对准角度和位置），用手压住塑料板，一直等到两块塑料板粘住后，才可以放手（一般来说，时间不长，2～3分钟即可）。用同样的操作依次把其他塑料板粘上，就成了一个方盒。

如果有需要，也可以把硬塑料管粘在塑料板上。硬塑料板和硬塑料管还有一个优点，就是把它们烘烤一下（不要烤得太热，更不要烤到它们着火），它们就会变软，趁热可以把它们弯成各种形状。然后，再用粘合剂粘成各种形状的器具。

粘合塑料和有机玻璃

如果粘合后的盒子有缝隙，可以在上面涂上少量粘合剂。如牙刷柄断了，只要把断裂面洗净、晾干（一般不要把断裂面磨平），在上面涂一薄层四氢呋喃，用力压紧，就可以粘合在一起。有时，断裂面窄，就不容易粘牢。

制作有机玻璃盒的方法与塑料盒相同，只是所用的粘合剂是氯仿或二氯乙烷。如果有机玻璃板的面上有刻痕或模糊的地方，可以用棉花蘸一点牙膏在透明面上摩擦，把板面磨得透明光洁，这种方法称为抛光。

修补有机玻璃制品的方法也和修补塑料的方法类似。

2. 塑料布的粘合方法

把一小块塑料布剪成碎片，最好用新的塑料布。将碎片溶解在四氢呋喃中，塑料碎片不必加得太多，只要使四氢呋喃略显黏稠就可以了。

把配好的粘合剂涂在要粘合的塑料布上，把两块塑料布压平，最好再在布上压一些重东西，或用手压住。几分钟后，把手放开，塑料布就粘合在一起了。

最后，当你掌握了粘合塑料和有机玻璃的技术后，还可以随心所欲地用它们来制作各种精巧的工艺品，为你的业余生活增添小小的乐趣。

有机玻璃

　　有机玻璃是一种通俗的名称，从这个名称看，你未必能知道它是一种什么样的物质，也无从知道它是由什么元素组成的。这种高分子透明材料的化学名称叫聚甲基丙烯酸甲酯，是由甲基丙烯酸甲酯聚合而成的。是迄今为止合成透明材料中质量最优异的。

有机玻璃的诞生和应用

　　1927年，德国罗姆－哈斯公司的化学家在两块玻璃板之间将丙烯酸酯加热，丙烯酸酯发生聚合反应，生成了黏性的橡胶状夹层，可用作防破碎的安全玻璃。当他们用同样的方法使甲基丙烯酸甲酯聚合时，得到了透明度既好，其他性能也良好的有机玻璃板，它就是聚甲基丙烯酸甲酯。

　　1931年，罗姆－哈斯公司建厂生产聚甲基丙烯酸甲酯，首先在飞机工业上得到应用，取代了赛璐珞塑料，用作飞机座舱罩和挡风玻璃。

　　如果在生产有机玻璃时加入各种染色剂，就可以聚合成为彩色有机玻璃；如果加入荧光剂（如硫化锌），就可聚合成荧光有机玻璃；如果加入人造珍珠粉（如碱式碳酸铅），则可制得珠光有机玻璃。

　　有机玻璃可分四种。

　　有色透明有机玻璃：俗称彩板。透光柔和，用它制成的灯箱、工艺品，使人感到舒适大方。有色的有机玻璃分：透明有色、半透明有色，不透明有色三种。磁有机玻璃光泽不如珠光有机玻璃鲜艳，质脆、易断，适于制作表盘、盒、医疗器械和人物、动物的造型材料。

　　透明有机玻璃：透明度高，宜制灯具。用它制成的吊灯，玲珑剔透、晶莹澄澈。半透明有机玻璃类似磨砂玻璃，反光柔和，用它制成的工艺品，使人感到舒适大方。

　　珠光有机玻璃：是在一般有机玻璃中加入珠光粉或荧光粉所组成的。这类有机玻璃色泽鲜艳，表面光洁度高，外形经模具热压后，即使磨平抛光，仍保持模压花纹，形成独特的艺术效果。用它可制作人物、动物造型，商标、装饰品及宣传展览材料。

压花有机玻璃：分透明、半透明无色，质脆，易断，适于制作。

无色透明有机玻璃是最常见、使用量最大的有机玻璃材料。

探索植物方面的小实验

一、水杯种萝卜

实验材料和用具：球茎植物、竹签、玻璃杯。

实验步骤：

1. 选择新鲜的、健康的球茎植物，像荸荠、慈姑等；或是鳞茎植物，像水仙、洋葱等；或是球根植物，像圆萝卜、芜菁等。

2. 找三根竹签，可以用毛衣针或是方便筷削制成长 5～6 厘米、一头尖的签子。

3. 将三根签子以互成 120 度的角，在一个平面内钻入球茎植物。

4. 把球茎植物放到一个玻璃杯上，向杯中注清水，使少量茎和根浸在水里。

5. 将水栽植物放在阳光下且通风的地方。

6. 仔细观察植物的变化，如根、叶的生长情况，花蕾、花朵的变化等。

这个实验可以让你观察球茎、鳞茎植物根芽的生长过程，有些还可以欣赏到花朵。

二、观察花粉的萌发

花粉成熟以后，经过传粉过程到达雌蕊柱头上，受到黏液的刺激就开始萌发，生成花粉管。下面的实验向你展示了花粉萌发的实际情况，赶快进行吧。

实验材料和用具：凤仙花、小瓶、显微镜。

实验步骤：

1. 取两支小瓶，编号 A、B，均放入少量清水。

2. 采摘初开放的凤仙花若干朵，剥取雌蕊（主要是柱头）。置于 A 瓶中，浸泡。B 瓶不放雌蕊，作为对照。

花粉的萌发

3. 从 A、B 两瓶中各取一滴水液，分别滴在 A、B 两张载玻片上，然后都放入凤仙花花粉，加盖片。几分钟后，放在显微镜上观察。

观察的结果是 A 片上的花粉萌发，B 片上的花粉不萌发。这是因为 A 片上的液滴为雌蕊浸出液，内有柱头分泌出来的刺激花粉萌发的物质（主要是酶），所以花粉能萌发。而 B 片上是清水，没有这种物质，所以花粉不能萌发。

由此还可以得出另一个重要结论：雌蕊（主要是指柱头）分泌物的刺激作用是花粉萌发的重要条件。

三、蒸腾拉力有多大

我们知道植物有蒸腾作用，下面我们来做一个实验看看植物的蒸腾作用究竟有多大的力，能把根吸收的水运输到参天大树的顶端。

实验原理：叶片蒸腾时，气孔下腔附近的叶肉细胞因蒸腾失水，水势下降。便从邻近细胞夺取水分。同理，这些细胞又可从其邻近细胞吸水。这样依次下去，便可从导管夺取水分，产生巨大的吸水力。又由于水和水银间有吸附力存在，水银即被牵引沿着玻管上升，根据水银上升的高度可知蒸腾拉力的大小。

实验材料和用具：侧柏（或棉花等）带叶枝条、长约 50cm 直径约 0.5cm 玻璃管一根、铁架、滴定管夹、橡皮管、小烧杯、水银、氢氧化钠溶液。

实验步骤：

1. 将玻璃管用氢氧化钠溶液洗净，再用水冲洗后备用。取长约 8cm 粗细与玻璃管相当的橡皮管，洗净后一端套在玻璃管外面，另一端准备插枝条用。

2. 选取枝叶生长旺盛的侧柏（或其他植物枝条），将基部一段的树皮剥去，并在水中将茎基部剪去一小段后，插在水中备用。

3. 在玻璃管和相连的橡皮管内吸满冷开水，管下端用手指堵紧，将基部削皮的枝条插入上端的橡皮管内，再将下端插入盛有水银的烧杯中，移开手指，然后将其固定。也可以在水银上面加一层水，既可防止水银蒸气产生，又可使堵住玻璃管下端的手指只要伸入水层后即可移开，然后再继续将玻璃管插入水银层中。注意整个水柱内不能有气泡存在。

4. 由于叶片的蒸腾作用，玻璃管内水柱不断上升，水银也随着上升。记录水银上升的高度和速度。

实验证明，叶片蒸腾时可产生很大的蒸腾拉力，一个小枝条即能使水银柱上升相当的高度。其实，蒸腾拉力是植物体内水分沿导管上升的主要动力。

四、观察小孔扩散效率

下面我们来做一个实验来说明为什么叶片上小小的气孔能蒸腾大量的水分。

实验材料和用具：培养皿（直径7cm）2个、座标纸、胶水、直尺、滴管一个、台式天平一架、酒精或丙酮、铅笔。

实验步骤：

1. 将培养皿分别放在两张直径约9cm的圆形座标纸正中间，沿培养皿边缘画一圆圈。然后在一张纸的中央，切割一个 $2.5 \times 2.5cm$ 的方孔；在另一张纸的圆圈内切割25个 $0.5 \times 0.5cm$ 的小方孔，使其均匀地分布在圆圈内。两张纸上方孔的总面积相等（$6.25cm^2$），但孔的数量及每张纸上的孔的大小不同。

2. 将两张带孔的纸分别覆盖在两个培养皿上，圆圈对准培养皿边缘，纸边下折，用胶水贴在培养皿外壁上。注意一定要贴紧，不能有缝隙，然后在纸面上涂一层熔化的石腊。

3. 将此两培养皿置于台式天平两边，用砝码调节使之平衡。然后向两培养皿中加入等量的酒精（或丙酮），使两边再达到平衡状态。

4. 半小时后，可以看出天平指针偏向大孔一边，说明小孔具有较高的边缘效应。虽然孔的总面积相等，但酒精通过小孔散失的量要比大孔快得多，即小孔扩散效率较高。

其实，小孔扩散效率较高和小孔存在边缘效应有关。在任一蒸发面上，处于蒸发面中心的气体分子，由于分子间的相互碰撞和干扰，向大气中的扩散速度较慢；而在蒸发面边缘的气体分子则因相互干扰少而扩散较快。因此水分通过小孔扩散的量和小孔的周缘长度成正比，而和小孔的面积不成比例。孔愈小，周长与面积的比值愈大，边缘效应愈显著。这正是小面积的气孔能够大量散失水分的重要原因。

五、弯曲的幼芽

实验材料和用具：草籽或小麦、绿豆的种子，小盘，水，硬纸。

实验步骤：

1. 尽你的可能去搜集一些草籽或小麦、绿豆的种子，把它们放在小盘里，洒上一点水，然后糊一个硬纸筒把小盘扣上，放在温暖的地方。过几天，你打开纸筒看看，会发现一粒粒种子都会发芽，而且芽鞘笔直。

2. 再糊个硬纸筒，在侧面钻个孔，然后把幼芽中的一半拿出来扣在有孔的纸筒里，让光线从小孔进去；另一半仍然留在无孔的纸筒里。几天以后，两个纸筒里的小芽的生长情况就截然不同了：无孔纸筒里的芽鞘仍然笔直向上；而有孔的纸筒里的芽鞘却向着小孔的方向弯曲了。

3. 用黑纸做一个纸帽，罩在直芽鞘的顶尖；再用黑纸做个环带，套在另一个直芽鞘尖端稍下的地方。然后把两个芽鞘扣在带孔的纸筒里。结果，带纸帽的芽鞘没有弯曲，而套环带的芽鞘向小孔弯曲了。如果你把一个芽鞘的顶端切去，也用带孔的纸筒扣上，芽不再弯曲，也停止生长了。

弯曲的幼芽

4. 接着把一个芽鞘尖切下来，在切剩的芽鞘顶上放一块琼脂（一种植物胶，菜市场有卖的，也叫洋菜），再放上芽鞘尖，扣在有孔的纸筒里。结果，芽鞘又向有光的一侧弯曲了。

这说明是芽鞘产生促进生长的物质——科学家已证实是一种叫做生长素的物质，并且，在光照下，生长素能够流动。那么，流向是怎样的呢？

5. 在芽鞘背光的一侧，嵌入一片锡箔（包香烟的锡纸就可以），不让汁液通过。结果，芽鞘正直生长，也不向有光的一面弯曲了。但是，如果把锡箔片嵌在向光的一侧，芽鞘又弯曲了。可见，那种物质是从背光的一侧流向芽鞘下面的。

这一系列的实验说明芽鞘能产生促进生长的生长素，并且芽鞘能够感光，使生长素向背光一侧分布比较多，引起背光侧的幼芽生长快，从而导致幼芽弯曲。向日葵能够向着太阳转也是这个道理。

六、让秋海棠叶长根

实验材料和用具：一只木箱或纸箱；一些沙土；刮脸刀片。

实验步骤：

1. 选用几片健康、肥硕的秋海棠叶子。

2. 用刀片将秋海棠叶背面的叶脉割断。

3. 取一只木箱或纸箱，把用清水洗净的细沙放入箱内。

4. 把切过叶脉的秋海棠叶片背面紧贴在湿沙土上，把叶柄插入沙土中。

5. 将木箱放在温暖的地方，温度保持在28℃～30℃之间，每天在箱的四周浇水，使沙土保持湿润。

6. 几天后，叶柄和叶背切口处生出不定根，叶正面上长出叶芽，再过几天就可以将小秋海棠移入盆中了。

其实，许多植物都可以按这种方式繁殖，自己动手做一做，是很有情趣的一件事。

七、制蕨类标本

实验材料和用具：小铲子、蕨类植物。

实验步骤：

1. 采集时，要注意植株口是否完整。它包括地下茎、不定根、叶、幼叶和孢子囊群几部分。

根据植株高矮不同，可做三种形式的标本。当整棵植物不长于30厘米时，可做全株标本。植株细长，可挖取全棵植物，做成"N"形标本。特别长的植物，可以分段制作标本，分成三部分：地下部分连同近地表的叶；地上中间部分；茎的上部。

采集植物的最佳时间是夏末秋初。注意不要在雨天和夏季中午进行。

2. 将植物用纱布蘸水擦去泥土，以自然姿态摆放好，用吸水纸夹住。摆放蕨类植物时，一定要将叶片背面上的孢子囊群显示出来。

3. 将摆好的标本用标本夹压紧，放在室内向阳通风处，每隔1～2天换一次纸。

4. 待标本干透后，再把它固定在台纸上。并在台纸下面写明植物的名称、编号、日期等。

这样，标本就算做好了。

八、观察植物导管的实验

在植物根、茎等器官的木质部里，都存在一些可以运输水分和无机盐的上下相通的管子，那就是导管。在显微镜下可以看得清清楚楚，导管壁有不同程度的增厚，形成各种花纹。人们根据花纹不同，给导管起了各自的名称，

很有意思。下面这个实验可以帮你目睹这奇妙的景象。

实验材料和用具：大豆芽、刮脸刀片、显微镜、镊子、载片、30 盐酸一间苯三酚饱和液。

实验步骤：

1. 准备一些又粗又长的新鲜大豆芽，稍加泡洗。

2. 取一些粗壮挺硬的豆芽胚茎，捏在左手示指上，右手持极锋利的刮脸刀片，从胚茎上纵削下一张张薄片（越薄越好），放入事先准备好的清水中。

3. 取一张洗擦干净的载片，滴上一滴清水，放入刚才削好的胚茎薄片（要用小摄子从清水中挑选最薄的一片），然后加 1～2 滴 30% 盐酸－间苯三酚饱和液，使木质化的次生壁染成红色。再加盖片，放在显微镜下观察。

在显微镜下观察，可以看到在许多纵行的薄壁细胞之间，有许多已染成红色的导管。请你辨认哪些是环纹导管、螺纹导管、梯纹导管、网纹导管、孔纹导管和一些过渡类型的导管。

观察后，试一试把各种典型导管各绘成一幅图。

九、"生物圈"实验

1994 年 9 月 26 日，8 名科学家走出了生活两年的"迷你地球"——生物圈 2 号，这是一次普列斯特列试验的扩大。"生物圈 2 号"被人称为世界上最大的试管，它座落在亚利桑那沙漠，由玻璃和钢铁制成，约 5 层楼高，里面有许多动植物。这些植物不仅为在里面工作的人员提供必要的食物，更重要的是把人类和动物呼出的二氧化碳重新变成氧气。科学家在"试管"里进行了大量的科学实验，得到了一大批宝贵的数据，虽然，氧气的循环不像预料的那样好，须两次从外面输入纯氧，不过就这次实验本身来说，已经是人类的一大奇迹了。

如果你对生物圈的实验有浓厚兴趣，就来一起做这个"生物圈"实验吧，看看你能有什么收获。

实验材料和用具：能够密闭的玻璃瓶、泥土、青草、蜡烛。

实验步骤：

1. 找一个有严实盖子的玻璃瓶，在底上放一些泥土，从院子里移几棵植物栽到瓶子里，可以是一些青草，让它们在里面生长。

2. 种好植物后，在泥土上浇上一些水，取一根蜡烛，拴上一根铁丝，以便能放入瓶内或取出来。把蜡烛点燃，放入瓶内，然后把盖子盖严，不要让空气进去，蜡烛在里面燃烧了一会就会熄灭，这是由于里面的氧气被用完了。

3. 过 12～24 个小时后，小心地取出蜡烛，立即把盖子盖好，点燃蜡烛后再放到里面，蜡烛会立即熄灭。这是由于瓶子里面还被二氧化碳所占据，没有氧气，在你迅速打开瓶盖的时候，二氧化碳比空气重，所以不会一下子跑出来。

4. 把盖好的瓶子放在阳光下，使植物生长，十天后，点燃蜡烛再做第一次的实验，你会发现，这次蜡烛燃烧的时间和第一次试验的时间一样长。这说明了，植物的绿叶吸收二氧化碳放出了氧气。

十、给向日葵授粉

下面这个实验可以让你了解给植物授粉的方法，快来做一做。

实验材料和用具：粉扑、向日葵。

实验步骤：

1. 用柔软的绒布包上棉花等松软的填充物，缝制一个授粉的粉扑，粉扑的大小和向日葵的花盘相仿，注意表面一定要呈凸形。

2. 授粉开始时，选两颗向日葵 A 和 B。先扑 A 上的花盘，再扑 B 上的花盘，B 上花盘扑过之后，再扑一次 A 上的花盘，其他花盘依次扑就行了。这样做的目的是为了保证每个花盘上的花粉都能充分地得到异花授粉。

给向日葵授粉

3. 每个花盘可授粉 3～4 次，每隔 3～5 天进行一次授粉。

4. 每次授粉的时间要选在晴天早晨露水刚干的时候，因为此时花粉的生命力最强，授粉效果最好。

这样就完成授粉了，掌握了向日葵的授粉方法之后，可以用这种方法给各种蔬菜和水果，甚至是花卉授粉。你会发现，各种植物在我们的参与和工作之后，结出了比平常情况大不一样的果实，而且自己也会享受到成功的喜悦。建议同学们注意观察周围的世界，给你自家庭院里的丝瓜、苦瓜等所有你能找得到的开花、结果的植物授授粉，然后耐心地等待结果。

十一、探寻叶片的气孔

气孔是叶片与外界进行气体交换的"窗口"，而且下表皮的气孔数量比上表皮多。为了增加感性认识，亲眼观察到气孔的存在，我们设计了一个小实验。

实验材料和用具：空心菜叶片、注射器、细橡皮筋。

实验步骤：

摘取一片新鲜、完整的空心菜叶片，置于通风处，等它萎蔫后，取一个注射器，将针头插入叶柄里，用细橡皮筋箍紧叶柄，再将菜叶完全浸没在清水里，用注射器向叶柄里注入空气。这时，可以看到叶片上有小气泡冒出，冒泡处就是气孔。而且叶片背面冒泡的气孔明显比正面多。

这个实验是不是让你对叶片气孔的印象更加深刻了呢？

十二、冬瓜借根

在冬瓜生长过程中，常常会得一种枯萎病，造成大片死苗，影响冬瓜产量。后来发现，病菌是从瓜苗的根部侵入幼根，引起地面茎杆枯萎的，而南瓜根有很强的抗枯萎病能力。人们就自然地想到，能不能把冬瓜的根换上南瓜根呢？

答案是"能"！下面要进行的靠接实验就可以实现这个目标。

实验材料和用具：冬瓜种子、南瓜种子、塑料薄膜。

实验步骤：

1. 春天设法把几粒冬瓜种子播种下去，并且盖上塑料薄膜，温湿度适宜，种子萌发就快。等冬瓜苗出土以后，再播种南瓜种子。几天以后，冬瓜和南瓜的两片叶子完全伸展平直的时候就可以靠接了。靠接最好选择在阴雨天或者下午两三点钟，气温在15℃左右。你先认真地挑选好粗壮、无病害、高度基本一致的两种幼苗（一棵冬瓜苗，一棵南瓜苗），用铲子把它们连根挖起，放在簸箕里，轻轻地再把土除去，准备靠接。

2. 先把手洗干净，刀片也先用酒精擦一擦。

3. 用刀片把南瓜顶芽连同一片子叶轻轻地削去。再在植株上部，削子叶那边的茎的上部，从上向下呈30度角斜切一刀，深度可达茎粗的一半。并且把切口外侧的表皮刮一刮，露出形成层。

4. 在冬瓜苗的茎上，和南瓜相对应的高度，沿相反的方向（即由下向上），按照同样的方法斜切一刀（靠接后，使三片子叶成品字形），达到和南瓜一样的深度，切口外侧的表皮也得刮一刮，也露出形成层。

5. 迅速把南瓜和冬瓜的切口互相插入，粘合在一起。注意两个切口的形成层必须完全对齐，这是实验的关键。可以用手指轻轻地摸一下，看看表面是不是平整，由此作出是否对齐的判断。

6. 用塑料绳把切口缠绕几圈扎紧，靠接就做完了。

7. 把接好的苗，移植到有湿土的花盆里，再用广口玻璃瓶扣上，把花盆移到向阳的地方，温度尽量控制在 25℃～30℃ 之间，保持盆土的潮湿。如果中午太阳光很强的话，可以遮一遮光；夜间温度太低，也可以设法保温。

大约经过两个星期以后，茎的伤口愈合了。不久长出了第一片真叶来，这时候可以把冬瓜苗在接口下面用刀片切一刀，约二分之一的深度，过三天后，再把剩下的一半切断，这样就成了一棵南瓜根冬瓜蔓的新型植株了。

这时候一定要注意遮光，防止幼苗萎蔫。等植物再长大一些，就可以去掉接口的塑料绳。这样长出的冬瓜就可以抗枯萎病。

我国劳动人民早在两千年前的西汉时期就进行了瓜类的靠接。据古书上记载，当时用十株瓠靠接在一起，离地约五寸左右，把十株苗用布缠紧，用泥涂上，接活后剪去九株的上部，只留一条蔓，让十株的根所吸收的养分，供给一株上部的生长，果实大而多。

到了今天，嫁接技术就更完善了，不仅同种、同属的植物可以嫁接，就是同科的植物也可以嫁接。冬瓜和南瓜都是葫芦科的植物，所以可以用靠接的方法进行嫁接。

十三、无土种番茄

不用土壤，只用营养液的栽培方法叫做溶液培养法，或者叫无土栽培法。其实这个方法很简单，不信你按照下面的叙述试试。

实验材料和用具：土壤溶液、番茄幼苗、大口瓶。

实验步骤：

1. 制备土壤溶液

（1）找一个旧脸盆（或旧水桶），在盆里装上 1/3 的肥沃土壤。

（2）加入半脸盆的水，进行充分的搅拌，使水变得非常混浊。

（3）最后把盆静放一天，这时候，脸盆里的水又变得澄清了。

（4）把这些澄清的水慢慢地倒在一个容器里，这种水就叫土壤溶液（或土壤提取液），在土壤溶液中含有植物生长发育需要的各种矿物质。

2. 栽种植物

（1）找三个大口瓶，一号瓶装入冷开水，二号瓶装入土壤溶液，三号瓶装上土壤。

（2）挑选三棵大小基本相同的番茄幼苗（也可以用当地的其他植物幼

苗），把它们从地里挖出来，连土坨一起放在水盆里浸泡 20 分钟。

（3）在水里，把根系上的泥土轻轻地抖掉（千万不要损伤幼根），再把这三棵幼苗分别用弹簧秤（或小秤）称一称，并把重量分别记录下来。

（4）把这三棵幼苗分别栽到三个大口瓶里，用硬纸壳做个瓶盖，盖好。硬纸壳盖中间的小孔要比幼苗茎杆大一些，周围可以用棉花把幼苗塞紧。

（5）把种幼苗的瓶子都放在向阳的地方。一号瓶，每隔五天换一次冷开水，二号瓶，每隔五天换一次土壤溶液，三号瓶，要适时浇水。

过几天后，就会看到：一号瓶的幼苗会枯萎、死掉。二三号两瓶里的幼苗正常地生长。这样生长一个月的时候，把这两棵苗分别取出来（三号瓶苗从土里挖出来时，小心地把根上的土粒洗干净），再称一称。结果你会发现，它们几乎没有什么差别。如果你有兴趣的话，还可以把它们换到较大的盆里，继续观察它们的生长发育和开花结果情况，看看它们是否有差别。你会同样得出无差别的结论。这个试验可以说明，植物是吸收溶解在土壤溶液里的营养物质来生活的。

如果有条件的话，你还可以用化学试剂配成营养溶液，来代替土壤溶液作试验。试剂的名称和用量见下页表：

名　称	用　量	名　称	用　量
硝酸钙	0.8 克	尿素	0.2 克
硝酸钾	0.2 克	食盐	0.2 克
硫酸镁	0.2 克	磷酸铁	微量
磷酸二氢钾	0.2 克	冷开水	1000 毫升

试验结果，你会发现化学试剂里生长的植物和土壤里生长的植物一样健壮。

十四、让树上长小树

实验材料和用具：玉兰、米兰等。

实验步骤：

方法：

1. 由于玉兰、米兰等的枝条不像茉莉那样柔软，所以不能把它们的枝条压埋在地里，那么可以用高段压条的方法繁殖。

2. 用剪刀裁出一块 30×30 厘米的正方形塑料膜。然后用刀子从正方形的一个边的中点剪至正方形的中心。

3. 在枝条表皮上，用刀切割几条伤口或进行环状剥皮。

4. 将已裁开的塑料膜套在枝条上，然后在塑料膜中装上湿润的沙土，最后再在上面用绳把塑料膜系紧。

其实，这个实验是一种常用的植物繁殖方法。

蒸腾作用

　　蒸腾作用是水分从活的植物体表面（主要是叶子）以水蒸气状态散失到大气中的过程。蒸腾作用不仅受外界环境条件的影响，而且还受植物本身的调节和控制，因此它是一种复杂的生理过程。植物幼小时，暴露在空气中的全部表面都能蒸腾。

　　水分从植物体内散失到大气中的方式有两种，一种是以液态逸出体外，例如吐水；另一方式是以气态逸出体外，即蒸腾作用，这是植物失水的主要方式。

蒸腾作用的生理意义

　　植物成长的蒸腾部位主要在叶片。叶片蒸腾有两种方式：一是通过角质层的蒸腾，叫做角质蒸腾；二是通过气孔的蒸腾，叫做气孔蒸腾，气孔蒸腾是植物蒸腾作用的最主要方式。

　　蒸腾作用的生理意义在于：蒸腾作用是植物对水分吸收和运输的一个主要动力；蒸腾作用促进植物对矿物质的吸收和运输；蒸腾作用能降低植物体和叶片的温度；蒸腾作用的正常进行，有利于光合作用。

　　植物蒸腾可加速无机盐向地上部分运输的速率，可降低植物体的温度，使叶子在强光下进行光合作用而不致受害。植物蒸腾丢失的水量是很大的。据估计 1 株玉米从出苗到收获需消耗四五百斤水。自养的绿色植物在进行光合作用过程中，必须和周围环境发生气体交换。因此，植物体内的水分就不可避免地要顺着水势梯度丢失，这是植物适应陆地生活的必然结果。适当地

抑制蒸腾作用，不仅可减少水分消耗，而且对植物生长也有利。在高湿度条件下，植物生长比较茂盛。蔬菜等作物生产中，采用喷灌可提高空气湿度，减少蒸腾，一般比土壤灌溉更为增产。

探索动物方面的小实验

一、蝗虫的呼吸

实验材料和用具：蝗虫、石灰、试管（或玻璃瓶）若干、玻璃棒 1 只、剪刀、橡皮膜。

实验步骤：

1. 配制石灰水：把少量的石灰放在试管（或玻璃瓶）里，再加入 10 ～ 15 倍的水充分搅拌，水就变得混浊了。静置一段时间以后，石灰小颗粒慢慢沉下去，水又变清了。这时候，上面的清水就是配好的石灰水了。要检验制得的石灰水是不是合格可以用这个办法：把一些石灰水倒进试管中，用一根麦杆或塑料吸管，用嘴向里面吹气。如果石灰水由澄清变成混浊的白色，就证明石灰水是合格的。

2. 把制好的石灰水分别倒入两个试管（或玻璃瓶）里。

3. 捉几只蝗虫，用放大镜仔细观察一只蝗虫的身体两侧，都可以看到一排小圆孔，这是蝗虫的呼吸器官——气门。可以看到蝗虫的胸腹部两侧，一共有十对气门。

4. 选两支蝗虫剪掉翅和腿，然后再剪两块比试管口径大一些的橡皮膜，中间开个小洞。把蝗虫插进小洞中，使橡皮膜正好箍在蝗虫的从前往后数的第四对和第五对气门之间。

5. 把两只套好橡皮膜的蝗虫，分别放进两个预先准备好的盛有石灰水的试管中。一只蝗虫头朝上，另一只头朝下。橡皮膜蒙在试管口，用细线捆紧，防止漏气。

不久，你就会发现：头朝上的那个蝗虫试管里的石灰水，由澄清变成混浊的白色；而头朝下的那个蝗虫试管里的石灰水却没有变化，仍然是澄清的。

这说明，蝗虫胸腹部的十对气门中，前四对是用来吸气的，而后六对是用来呼气的。蝗虫呼出的二氧化碳和石灰水发生了化学反应，最后形成了白色沉淀的碳酸钙。

二、回家的蚂蚁

实验材料和用具：蚂蚁、纸盒。

实验步骤：

1. 找一只拖着食物回巢的蚂蚁，用一个密不透光的纸盒把它扣上（火柴盒就可以），并顺着它原来前进的方向在地上划一个箭头作为记号，等待三小时。

2. 时间到，再掀开这个纸盒，就会看到蚂蚁不按原来的方向前进，反而急急忙忙奔向另外一个新方向。在这条新路上再划一个箭头。

3. 用量角器量一下。

实验结果可能你想不到，新路和老路形成的夹角，大约是45°，正好是蚂蚁被关闭期间，太阳横越天空时移动的角度。你听过蚂蚁是靠气味找寻回家的路的知识，那么，这个实验的情况是发生了什么事呢？

原来蚂蚁有两套定位系统，不同种的蚂蚁，分泌的标记物质残留时间的长短不同。它原来前进道路上的气味路标，也

回家的蚂蚁

可能仍然存在，也可能消失了，这种时候，不管原来的气味路标是不是在，它都可能利用太阳定向。科学家认为，蚂蚁在认路时，这两种路标是交替兼用的。但在一般情况下，蚂蚁首先是用气味标记物质来认路的。

三、条件反射

你看过马戏表演吗？参与马戏表演的动物是人们利用条件反射的原理训练出来的。下面一起来做一个训练公鸡辨认红绿灯的实验。

实验材料和用具：一只公鸡、木箱、绿灯泡、红灯泡。

实验步骤：

1. 选择一只当年的、体重半斤左右、活泼、健康的小公鸡。并给它做一个饲养和实验用的木箱子。

2. 把鸡放进木箱以后，前两天，让鸡先熟悉环境。每天喂三次，每次都先在茶缸里放上三粒高粱（或稻谷、玉米、大米等鸡爱吃的食物）。鸡吃完

这三粒粮食以后，马上把食盘外侧的已经放好食物的食槽旋转到箱内去，让鸡好好吃一顿。这样经过一两天，鸡就熟悉了茶缸、食盘、水碗等的位置了。

3. 从第三天开始，每次喂食以前，先开亮绿灯，大约 10 秒钟，在茶缸里再放三粒粮食，鸡吃完以后，马上再把装有食物的食槽旋转到箱内。

注意，每次的食量要控制好，不要让鸡吃的大饱，喂八分饱即可，控制食量是实验成败的关键之一。另外，放入茶缸的食物每次要固定三粒，不要有时多有时少。每次喂食，还要有固定的顺序，先开绿灯，放三粒粮食，最后再转食盘。经过一个多月的训练，你就可以发现，鸡对绿灯已经建立起来一种给食的信号联系。只要你一开绿灯，鸡就会马上到茶缸里啄三下，然后再转身到食盘边等食。鸡似乎已经意识到，绿灯一亮，吃完了三粒粮食后，就会有更多的好吃的食物。

4. 继续喂养四五天，让鸡牢固地"记住"绿灯的含义。

5. 接下来的时间，在每次喂食前，先开红灯，鸡也可能先去啄三下茶缸，但是，食盘里是空的。然后关掉红灯，10 分钟后再开绿灯，鸡吃茶缸里的三粒粮食，再转动食盘，喂鸡。

这样训练许多次以后，鸡似乎"记住"了：红灯亮没有东西吃，绿灯亮了才有吃的。鸡就对红灯产生了抑制反应。只要你开绿灯，鸡就啄茶缸三下；开红灯，鸡就不动。

这时候，你就可以把鸡连同木箱一起拿到公共场所去表演了。

鸡和其他动物一样，看见东西就会吃；而且食物到了胃里以后，立即引起胃液的分泌。这些都叫做非条件反射，是动物生来就有的本能活动。这种本能活动是由于神经系统对食物产生的有规律的一种反应。

在训练过程中，加上了红灯和绿灯，成为鸡吃食的附加条件，也就是鸡吃食的条件刺激。这样，本来红绿灯和鸡吃食是毫无关系的两件事，如果把灯的条件刺激和食物的自然刺激多次地同时出现，最后，就会形成由于这个条件刺激而产生的条件反射。使鸡一看见绿灯，就去吃三粒粮食，再去吃许多食物。这个理论就是俄国伟大的生理学家巴甫洛夫创立的条件反射学说。

四、蛾子相会

雌雄蛾子在夜空飞来飞去，准确无误地寻找配偶的现象，令人惊异。那么，它们是怎样找到对方的呢？如果你有兴趣探索这个现象，就照下面的实验去做，造个假雌蛾，把真雄蛾招引来吧！

实验材料和用具：蛾蛹 25 个、广口瓶、玻璃棒。

实验步骤：

1. 采蛹：采来一种蛾子的雌蛹（雄蛹腹面末两节的节线呈水平状，雌蛹腹面末两节的节间线呈倒"V"字形）25个，放在一个广口瓶内进行饲养（把瓶放在温度和湿度合适的地方）。

2. 配制性外激素的酒精提取液：在蛹羽化成蛾子的第二天夜间两点钟（这时雌蛾分泌的性外激素最多），把雌蛾的腹部末端三节剪下来，放在盛有5毫升95%的酒精里，密封好，至少要浸泡两天。使用以前，要用玻璃棒或干净的木棍把浸在酒精中的雌蛾腹部捣碎。

3. 做个假雌蛾：取一小张吸水性强的纸片，剪成雌蛾形状。等夜晚来临时，把浸有雌蛾腹部的酒精，滴在假雌蛾纸片上，挂在窗前，不久就会有雄蛾飞来。

因为假雌蛾的"身上"沾有真雌蛾的性外激素，雄蛾是追寻雌蛾性外激素的气味找来的。

现在，农业生产上利用这种原理来防治害虫。农民用泡沫塑料小块，浸上某种农业害虫（如黏虫）的雌性外激素，然后每隔一定距离放一块，这样就可以在一定范围内使雄黏虫蛾飞向塑料小块，而跟真黏虫雌蛾错过相遇的机会（一般雄蛾比雌蛾羽化早）。这样可减少黏虫的产卵量，达到消灭害虫的目的。在缺乏电力供应的偏远山村，用这种方法代替黑光灯诱集捕杀蛾类害虫，更有实用价值。

据研究，一只雌蚕蛾虽然只分泌0.005~1.0微克的性外激素，但是它能诱集100万只雄蚕蛾！

五、蜜蜂的鼻子

实验材料和用具：白糖水、柑橘、有活动盖的纸盒、小瓶盖、剪刀。

实验步骤：

1. 先把有活动盖纸盒的前面开个小圆孔。在盒内放一个小瓶盖，装上一些白糖水，再放一个芳香诱人的柑橘，使蜜蜂爬进去，就能嗅到柑橘挥发出的芳香气味。让蜜蜂从这只盒子爬进爬出几次，它就成为你的受到训练的实验蜜蜂。

2. 把纸盒中的实验蜜蜂拿出来几只，分别剪去尾端的毒刺，以防止它们蜇人。然后，在放大镜下面，把触角的前七节剪掉。把经过处理的蜜蜂放到盒子附近，观察蜜蜂是不是能够找到放有柑橘的纸盒。你可以看到，无论纸盒孔朝向哪边，这只蜜蜂都能够找到洞口。触角被剪掉了七节，它仍有嗅觉功能，说明蜜蜂的"鼻子"不在这七节里面。

3. 把剪掉七节触角的实验蜜蜂，再剪掉一节触角，或者另取一个实验的蜜蜂，剪掉它触角的前八节，再进行观察。你会发现，当放有柑橘的纸盒移动位置以后，这只蜜蜂会东奔西跑地再也找不到那个纸盒的圆孔了。假如它偶尔也钻进了纸盒，那纯属巧合。

从上面实验来看，可以肯定蜜蜂的"鼻子"是在触角的第八节上面。科学家用显微镜观察了工蜂的触角，发现触角表面大约有六千个小孔；而雄蜂的触角有三万个小孔。这些小孔里面长有嗅细胞。蜜蜂对花朵的辨认，大多依靠嗅觉。科学家还发现，蜜蜂的触角，对蔗糖汁还有味觉的反应。可见它的触角既能当鼻子用，又有舌头的功能。

六、人工让青蛙冬眠

冬眠是动物在亿万年的进化过程中，所形成的一套特异本领。这些动物随着环境温度的下降，食物的减少，用减缓新陈代谢的速度来抵御不利环境的影响，从而进入了冬眠。冬眠主要表现为不活动，心跳缓慢，体温下降和陷入昏睡状态。温带和寒带地区的许多无脊椎动物、两栖类、爬行类和哺乳类动物都有冬眠的习性。

下面我们来做一个人工模拟冬天的实验，看看青蛙在温度逐渐降低的时候，是怎样进入冬眠的。

实验材料和用具：一个大口瓶、一个洗脸盆、一些冰块、一些细沙和一只青蛙。

实验步骤：

1. 在大口瓶底铺上一层一寸厚的细沙，把水注入瓶内，使水面离瓶口约1～2cm。再把青蛙轻轻地放在水里。为了防止青蛙跳出来，可用纱布蒙上瓶口，并扎紧。在纱布上留一个小孔，准备插入温度计。

2. 把装有青蛙的大口瓶放在脸盆里。这时候，你测量一下瓶内的水温，并记录水温和测量的时间。

3. 把碎冰块从少到多放在大口瓶的周围。这时候，你注意测量瓶内水温下降的速度（不要让它降得太快）。

4. 瓶内水温开始下降的时候，你要仔细观察青蛙的活动状态，并且认真地做好记录，直到青蛙停止活动，即进入冬眠。

5. 一分钟以后，你把瓶子从冰水中取出，放在温暖的地方（千万不要放在热处），让瓶内水温慢慢回升。注意观察随水温回升青蛙行为的变化。什么时候它冬眠苏醒，什么时候又浮到水面进行正常的活动？把所观察到的情况填入下表，这就是一份很有意义的科学研究资料。

青蛙的人工模拟冬眠实验　　　　年　　月　　日

时间	温度	青 蛙 的 行 为	其他
时　分	℃	浮上水面的活动正常	
时　分	℃	活动开始减慢	
时　分	℃	潜入水底	
时　分	℃	开始挖沙土	
时　分	℃	停止活动，进入冬眠	
时　分	℃	冬眠苏醒	
时　分	℃	浮上水面	
时　分	℃	正常活动	

　　通过这个模拟冬天的实验，你可以大体上了解你所在的地区，青蛙是在某月某日开始挖土入穴，进行冬眠；又在某月某日开始苏醒，出穴活动的。

七、蟾蜍的呼吸方式

　　实验材料和用具：蟾蜍、塑料食品袋。

　　实验步骤：

　　1. 仔细观察在陆上的一只蟾蜍的呼吸方式。可以看到它的口腔底部在不停地活动，一动一动地，这就叫咽式呼吸。呼吸是通过鼻孔吸气，气体进入口腔、肺，最后再由肺部到口腔，再从鼻孔排出。

　　2. 将这只蟾蜍放进装满水的、透明的塑料袋中进行观察，可以看到蟾蜍在水中时，口腔底部不再活动，而在水中不停地游动。这是因为蟾蜍在水中是通过皮肤呼吸的，吸入水中的氧气，排出二氧化碳都是通过皮肤。

　　3. 将前面那只蟾蜍放到灌入冷开水的塑料袋中，并且把塑料袋的口系紧。可以看到蟾蜍没过多久就窒息而死了。因为冷开水中没有氧气，它既不能通过皮肤呼吸，更不能进行咽式呼吸。

　　这个实验说明，蟾蜍在水中、陆上有两种呼吸方法。

八、让青蛙"听话"

　　下面的实验教你训练一只能听懂人话的青蛙，试试看吧！

　　实验材料和用具：青蛙、大头针。

　　实验步骤：

　　1. 找一块木板，把青蛙四脚朝天地用大头针固定在木板上（只钉趾蹼，不要刺伤骨头），也把它的上颌用一个大头针钉在木板上，用曲别针把下颌勾住。

2. 用一根线穿进曲别针里尽量把下颌向后拉，使青蛙的嘴张大。这时候，你就可以看到青蛙的口腔靠近咽的两侧，各有一个圆鼓鼓的透明部分，这就是青蛙的内耳部位，里面白色的东西是耳石。

3. 把青蛙翻转过来，让它背部朝上，同样用大头针把它固定在木板上，用锥子在它右耳的内耳部位刺进去，再搅动几下，注意不要刺得太深，以免损伤周围的血管和神经。只要看见流出一种白色的液体，就证明把耳石破坏了。

4. 把青蛙释放到水里，现在，你对着它说右转，它就右转了。

这是为什么呢？

这要从耳朵的构造和机能说起。人和动物的耳朵分为外耳、中耳和内耳。耳郭和外耳道是外耳部分，中耳又叫鼓室，是外耳和内耳之间的一个小腔。内耳由耳蜗、前庭和半规管三部分组成，构成了一个复杂的管道系统，里面装满了淋巴液。内耳的三个部分当中，耳蜗管听觉，而前庭和半规管是专门管平衡感觉的。前庭的内壁有耳石，半规管的内壁有许多毛细胞，耳石和毛细胞都泡在淋巴液里。当你朝一个方向旋转的时候，管腔里的淋巴液也朝着一个方向流动。虽然你已经停止旋转，淋巴液却不能马上停止转动，还要继续朝原方向转动一段时间。淋巴液的流动，又刺激了耳石和毛细胞。这种刺激再通过神经传给大脑，就使人感到还在转动，并且觉得眩晕。要是向反方向旋转几圈，淋巴液受到一种反方向的力，就会逐渐停止转动，眩晕的感觉就减轻了。

通过这个简单的实验也许你就清楚了，青蛙的耳石是管平衡的部位，耳石受到破坏，青蛙的活动就失去了平衡。青蛙的右侧耳石被破坏，青蛙失去了平衡，身体总向右偏，形成了向右转圈。它的左侧耳石被破坏，则向左转圈。青蛙就是这样"听话"的。

九、鲫鱼变金鱼

你知道吗？色彩斑斓的金鱼的祖先是鲫鱼。鲫鱼的鳞片下面是皮肤，皮肤内有许多色素细胞，色素细胞由于外界条件的刺激，会使皮肤在不同的环境中，呈现出不同的颜色。下面这个实验就会让你大开眼界！

实验材料和用具：活鲫鱼、玻璃容器。

实验步骤：

1. 选择四条个头差不多、活跃、健康的活鲫鱼。

2. 分别放入四个相同的玻璃容器中。

3. 将其中两个玻璃容器用不同颜色的透明玻璃罩住（包括四周和上面）。剩下的一只玻璃容器用黑布（黑纸）罩住，另一只玻璃容器上什么都不罩。

金 鱼

4. 每天将同样的食物喂给四个容器中的鱼，一直养足一个月。

一个月后，取来一只白色脸盆，将4条鱼都放到盆中，结果发现：外面罩有彩色透明纸的容器中的鱼身上，带有不同颜色的花纹，罩上黑布的容器中的鱼身上变成了黑色，而那只在正常状态下的鲫鱼，身上的颜色没有改变。

注意：本实验也可以把鲫鱼换成青蛙，由于环境的不同，青蛙身上也会出现类似这样为适应环境而发生的变化。

十、消除白蚁的危害实验

樟树是常绿乔木，它的常绿不是不落叶，而是春天新叶长成后，去年的老叶才开始脱落，所以一年四季都呈现绿意盎然的景象。所以樟树在很多城市都作为行路树进行种植，但是，樟树很容易受到白蚁的侵害。

人们发现，生长在夹竹桃树旁边的几株樟树没有被白蚁侵袭。于是想到利用生物防治的原理用夹竹桃汁进行防治，下面一起做这个实验，看是否可行呢？下面介绍对白蚁采取的几种不同的防治方法，分组进行。

1. 物理方法：用锄头挖出樟树下的白蚁巢穴，集中捕杀。

2. 给树干刷石灰水：在调配好的每100kg石灰水中加入0.6～0.8kg硫磺，搅拌均匀，涂抹在离树干地面以上部分约1.5m处。

3. 化学灭蚁：使用90%的晶体敌百虫，稀释1000～2000倍后喷雾，或用80%敌敌畏稀释1000倍后喷雾，还可用80%的甲胺磷乳油稀释800倍喷雾。

4. 用夹竹桃汁防治：我们在调查中产生了一个想法：是不是夹竹桃对白蚁有抑制能力呢？我们试制了一种生物性杀虫剂——夹竹桃汁，即每15～25kg水中加0.5kg夹竹桃叶，浸泡24小时后，加以揉搓捣烂，到液体呈现白色为止，再加入0.3%的肥皂液0.2kg或0.15%的生石灰水2.5～5kg，即成

"夹竹桃除虫剂"。经过滤后，将药液喷射于树上和蚁巢中，过滤出来的残渣也可埋入受害树木的根基部。

5. 做完这些，只要对樟树进行管理，第二年看看是否还有白蚁肆虐。

第二年观察便可以看到，物理方法灭蚁不彻底，仍有虫害发生；给树干刷石灰水的方法可以防止白蚁上树危害，但仍不能防止白蚁危害树根；化学方法有良好的效果，但防治不彻底，且有农药残毒；用夹竹桃汁的方法，能达到100%的除白蚁功效。通过这个实验，你找到根治白蚁的方法了吗？

激 素

　　由内分泌腺或内分泌细胞分泌的高效生物活性物质，在体内作为信使传递信息，对肌体生理过程起调节作用的物质称为激素。激素对肌体的代谢、生长、发育、繁殖、性别、性欲等起重要的调节作用。就是高度分化的内分泌细胞合成并直接分泌入血的化学信息物质，它通过调节各种组织细胞的代谢活动来影响肌体的生理活动。它是动物生命中的重要物质。

激素的历史

　　1853年，法国的巴纳德研究了各种动物的胃液后，发现了肝脏具有多种不可思议的功能。贝尔纳认为含有一种物质来完成这种功能。可是他没有研究出这种物质，实际上那就是激素。

　　1880年，德国的奥斯特瓦尔德从甲状腺中提出大量含有碘的物质，并确认这就是调节甲状腺功能的物质。后来才知道这也是一种激素。

　　1889年，巴纳德的学生西夸德发现了另一种激素的功能。他认为动物的睾丸中一定含有活跃身体功能的物质，但一直未能找到。

　　1901年，在美国从事研究工作的日本人高峰让吉从牛的副肾中提取出调节血压的物质，并做成晶体，起名为肾上腺素，这是世界上提取出的第一激素晶体。

1902 年，英国生理学家斯塔林和贝利斯经过长期的观察研究，发现当食物进入小肠时，由于食物在肠壁摩擦，小肠黏膜就会分泌出一种数量极少的物质进入血液，流送到胰腺，胰腺接到后就立刻分泌出胰液来。他们将这种物质提取出来，注入哺乳动物的血液中，发现即使动物不吃东西，也会立刻分泌出胰液来，于是他们给这种物质起名为"促胰液"。

后来斯塔林和贝利斯给上述这类数量极少但有生理作用，可激起生物体内器官反应的物质起名为"激素"（荷尔蒙）。自从出现激素一词后，新的激素又不断地被发现，人们对激素的认识还在不断地加深、扩大。

现在把凡是通过血液循环或组织液起传递信息作用的化学物质，都称为激素。激素的分泌均极微量，为毫微克（十亿分之一克）水平，但其调节作用均极明显。激素作用甚广，但不参加具体的代谢过程，只对特定的代谢和生理过程起调节作用，调节代谢及生理过程的进行速度和方向，从而使机体的活动更适应于内外环境的变化。

创新性小实验

　　创新性小实验，体现了"发现"、"发明"的思想，是激发青少年朋友兴趣，培养他们科学素养和社会责任感的主要途径，有着重要的现实意义。做这种创新性小实验，可以帮助他们了解科学探究的基本过程和方法，使他们获得进一步学习所需要的知识和基本技能，有利于挖掘青少年的创造潜力。

关于静电的小实验

不怕"电刑"的青蛙

一、不怕"电刑"的青蛙

　　实验材料和用具：青蛙、金属笼、绝缘支架、静电起电机。

　　实验步骤：

　　1. 把一只金属笼放在绝缘支架上，里面放进一只青蛙，然后把静电起电机的一极接在金属笼上，另一极连接一个带绝缘柄的金属球。

　　2. 起电机开动之后，金属笼和金属球之间就产生了高电压；当金属球挨近金属笼时，两者之间就会迸发出绚丽的火花。当金属球沿笼

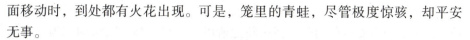

面移动时，到处都有火花出现。可是，笼里的青蛙，尽管极度惊骇，却平安无事。

这是为什么呢？

原来，封闭的金属容器上的电荷分布达到平衡后，电荷总是分布在容器的外表面。这种现象叫做静电屏蔽。编得较密的金属笼也有此效应，所以青蛙无危险。

二、静电喷泉

实验材料和用具：塑料板、白铁皮桶、尖嘴玻璃和橡皮管。

实验步骤：

在桌子上面放一块塑料板，板上再放一只装满水的白铁皮桶。取一根尖嘴玻璃管（尖嘴直径约 0.3 毫米），平的一端插入橡皮管中；将橡皮管灌满水后，橡皮管的另一头放入白铁皮桶内的水中，利用虹吸现象，一股水流即从玻璃管尖嘴中射出。

再用导线将白铁皮桶连接到感应起电机的一个电极上。接着，摇动感应起电机。这时就可以看到从玻璃管的尖嘴处射出一股美丽的"喷泉"——"静电喷泉"。这时，如用灯光照射，效果会更好。如果你不停地摇动感应起电机，并请别人用一支点燃的蜡烛火焰去烧尖嘴前的水流时，"喷泉"顿时消失而又成为一股细水流；当点燃的蜡烛从水流旁移开时，水流就又变成"喷泉"了！这是怎么一回事呢？

原来，由于静电感应，使桶和桶内的水都带上了大量电荷，当水由尖嘴管中射出时，由于同性电荷互相排斥，水滴流也会排斥，这样就形成了向四周散开的喷泉。

火焰会把空气分子电离成许多正离子，再与水中的电荷相互中和，"静电喷泉"便随之消失。

三、分离胡椒粉与盐

实验材料和用具：胡椒粉、盐、塑料汤勺、小盘子。

实验步骤：

1. 将盐与胡椒粉相混在一起，用筷子搅拌均匀。
2. 把塑料汤勺在衣服上摩擦后放在盐与胡椒粉的上方。
3. 胡椒粉先粘附在汤勺上。
4. 将塑料汤勺稍微向下移动一下。
5. 盐后粘附在汤勺上。

会了吗？下次在厨房不小心把胡椒粉和盐混在一起的时候，就可以用这种方法分离。需要解释的是，胡椒粉之所以比盐早被静电吸附的原因，是因为它的重量比盐轻。你能用这种方法分离其他混合的原料吗？

四、电刻铝箔小实验

实验材料和用具：铝箔、电池、玻璃、铅笔、电阻、电线。

实验步骤：

电刻铝箔小实验

找一张香烟内包装用的铝箔（俗称"锡纸"），准备6～9伏的电池组——最好用蓄电池，也可以用6伏左右的低压电源。还需要一块玻璃（比铝箔大）、一支铅笔（可用短铅笔头）、一个50欧姆电阻、两根电线。

把实验用品按图所示连接好，然后用铅笔在铝箔上轻轻写字或画简单图案，笔尖处会出现细小的电火花，铝箔上划过的地方出现了一连串细孔，组成你想写的字或者画。

五、梳子和硬币

用塑料梳子梳理干燥的头发时，头发经常会飞扬起来，这是梳子与头发摩擦而引起的静电现象。利用这种现象，可以做几个有趣的小实验，你只要准备一把塑料梳子和几枚一角硬币就可以了。不要以为梳子和硬币难扯上关系，下面的实验会让你看到它们的关系还挺密切呢！

实验材料和用具：塑料梳子、硬币。

实验步骤：

1. 带电梳子吸倒硬币

把一枚一角硬币竖立在平整的玻璃板上；拿一把塑料梳子在干燥的头发上梳理几下，这时梳子上就带有大量负电荷；将带电的梳子凑近竖立硬币的侧面，硬币会被梳子吸引而倒下。因为硬币是导体（铝合金），带电梳子靠近时，硬币受到静电感应在靠近梳子处集中了正电荷，而且异种电荷会互相吸引，所以硬币就被梳子吸倒下了。

2. 让硬币转起来

仍将一枚一角硬币竖立在玻璃板上（要求玻璃放得很平），再拿带电的塑料梳子从上方靠近它，你看到硬币会保持静止。现在你试着用带电梳子去

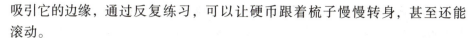

吸引它的边缘，通过反复练习，可以让硬币跟着梳子慢慢转身，甚至还能滚动。

3. 有倒有立的硬币

在表面平整、清洁，而且完全放平的玻璃上，将6枚叠成一叠的一角硬币竖立好，小心地用薄纸将它们分别分开一点；再用塑料梳子反复梳头发，等到梳子带上大量负电荷后，从这叠硬币的正上方靠近它们；也可以梳几下头发后靠近硬币一次，然后再梳、再靠近。最后，摆成一叠的硬币会向两边倒下——运气好时中间有一枚仍站立不倒。之所以会这样，是因为这些硬币同时从上边缘处感应出许多正电荷，结果每两枚硬币之间都存在静电斥力，你推我、我推你，一起倒下。当中的那枚硬币可能在两边的斥力作用相同时幸免于倒。

六、神秘的画像

实验材料和用具：硬纸板、细导线、透明胶、细铁屑、电阻、电池。

实验步骤：

1. 在一块书本大小的硬纸板上，画上一个脸谱。

2. 把细导线沿着脸谱的轮廓布设在上面，并用透明胶纸把它粘住，使它不松动。

3. 再用一块同样大小的薄硬纸板，合在上面，用胶纸把两张纸板粘牢。在薄纸板上面撒上细铁屑。

4. 把细导线的一端串联一个2～3欧姆的电阻后和电池的一个极相接，导线的另一端和电池的另一个极相接。轻轻地敲打硬纸板，纸板上就会魔术般地出现一张人脸。

如果你能把导线和电池隐藏起来，并用隐蔽的开关控制电流，那就能让观看的人目瞪口呆。其实，这种现象是因为电流通过导线时会在导线周围产生电磁场。当你敲打硬纸板时，靠近导线的细铁屑受磁场作用而聚集起来，形成画像。

七、会听话的绳子

这是一个可以表演给其他人看的小实验，让绳子随着我们的意愿动，做出各种运动。

实验材料和用具：大约10cm的一根绳子，一把塑料梳子或是塑料尺子。

实验步骤：

一只手拿好绳子的一端，另一只手拿梳子在头发上梳若干次，然后将梳

子接近绳子的端点，只见绳子跟着梳子走，梳子绕一个圈，绳子也绕一个圈，很有趣。

其实绳子所以听话是由于静电吸引的结果。梳子在头发上摩擦，使梳子上带有许多自由电子，当梳子靠近绳子时，绳上感应出的正电荷与梳子上的负电荷相互吸引，绳子就会随着梳子的运动而运动。

注意：这个实验在天气干燥时效果最好。天气潮湿时由于空气中的水气大，水可以导电，使梳子上聚集的负电荷很快跑到空气中去，导致实验效果不佳。

八、探究电视屏上的静电

冬天空气干燥，穿化纤（如尼龙）面料外衣、内穿毛衣的人，身上经常产生大量静电荷，冷不防会把自己或旁边的人电击一下，这种现象在北方地区尤为常见。身上的静电是化纤与毛衣不断摩擦而生成的，因为干燥，电荷不能流动，越集越多，才达到足以让人小小地触一次电的程度。

在我们身边，静电荷无处不在。你用透明胶纸把一张白纸粘在电视机屏幕上面的两个角上，可以看到开机、关机的瞬间，那张纸像被风吹动一样。这就是开机、关机时，屏幕玻璃上的静电荷有了很大变化。

电视屏上的静电

下面做个稍微复杂一些的实验，看看电视屏上的静电现象。

实验材料和用具：铝箔、钥匙、双面胶、电视。

实验步骤：

找一张大一点的铝箔，在一个角上用双面胶粘贴一根导线，再用透明胶纸把铝箔粘贴在电视屏幕前。当你开、关电视机多次，铝箔就能收集到许多静电荷。你拿一把钥匙或别的金属物慢慢凑近导线露出的铜丝，可以看见电火花迸出，并听到轻微的"噼啪"声。

如果你有验电器（一般学校实验室都有），还可以测定一下电视屏幕发射出的静电荷是正极性还是负极性。你也可以利用这个"静电发生器"做其他小试验。

九、顺从的乒乓球

实验材料和用具：乒乓球、梳子、毛织物。

实验步骤：

1. 在光滑、平坦的桌面上，放一个乒乓球。用梳子在毛织物上摩擦，使梳子带上大量静电荷。

2. 把带电的梳子渐渐地靠近乒乓球，你会看到乒乓球被梳子吸引，滚向梳子。移动梳子，乒乓球紧紧跟着梳子在桌子上滚动。

这种现象是因为梳子上带有电荷，乒乓球靠近梳子时，产生静电感应现象，乒乓球就在靠近梳子一侧感应出与梳子上的电荷相反的电。异性电相吸，球就被引向梳子。球和梳子没有接触，正负电荷不会被中和掉，所以球和梳子上的电荷能保持一段时间，球就会跟着梳子滚动。

知识点

静 电

　　静电，是一种处于静止状态的电荷。在干燥和多风的秋天，在日常生活中，人们常常会碰到这种现象：晚上脱衣服睡觉时，黑暗中常听到噼啪的声响，而且伴有蓝光；见面握手时，手指刚一接触到对方，会突然感到指尖针刺般刺痛，令人大惊失色；早上起来梳头时，头发会经常"飘"起来，越理越乱；拉门把手、开水龙头时都会"触电"，时常发出"啪、啪"的声响，这就是发生在人体的静电。

延伸阅读

静电的产生与防护

　　任何物质都是由原子组合而成的，而原子的基本结构为质子、中子及电子。科学家们将质子定义为正电，中子不带电，电子带负电。在正常状况下，一个原子的质子数与电子数量相同，正负电平衡，所以对外表现出不带电的现象。但是由于外界作用如摩擦或以各种能量如动能、位能、热能、化学能等的形式作用会使原子的正负电不平衡。在日常生活中所说的摩擦实质上就是一种不断接触与分离的过程。有些情况下不摩擦也能产生静电，如感应静电起电、热电和压电起电、喷射起电等。任何两个不同材质的物体只要接触后分离就能产生静电，流动的空气也能产生静电。要完全消除静电几乎不可能，但可以采取一些措施控制静电使其不产生危害。

　　人体活动时，皮肤与衣服之间以及衣服与衣服之间互相摩擦，便会产生静电。随着家用电器增多以及冬天人们多穿化纤衣服，家用电器所产生的静电荷会被人体吸收并积存起来，加之居室内墙壁和地板多属绝缘体，空气干燥，因此更容易受到静电干扰。由于老年人的皮肤相对比年轻人干燥以及老年人心血管系统的老化、抗干扰能力减弱等因素，因此老年人更容易受静电的影响。心血管系统本来就有各种病变的老年人，静电更会使病情加重或诱发室性早搏等心律失常。过高的静电还常常使人焦躁不安、头痛、胸闷、呼吸困难、咳嗽。为了防止静电的发生，室内要保持一定的湿度，室内要勤拖地、勤洒些水，或用加湿器加湿；要勤洗澡、勤换衣服，以消除人体表面积聚的静电荷。发现头发无法梳理时，将梳子浸入水中片刻，等静电消除之后，便可以将头发梳理服帖了。脱衣服之后，用手轻轻摸一下墙壁，摸门把手或水龙头之前也要用手摸一下墙，将体内静电"放"出去，这样静电就不会伤人了。对于老年人，应选择柔软、光滑的棉纺织或丝织内衣、内裤，尽量不穿化纤类衣物，以使静电的危害减少到最低限度。

关于微生物的小实验

一、人造细胞

　　我们通过渗透压力的实验，了解到了渗透现象的奥妙，同时在生物课程里了解到细胞膜也是一种半透膜，它的特点是水能够透过细胞膜，而细胞液中的溶质则不能透过细胞膜。

　　根据这些知识，我们就可以来制造人造细胞，它的组成不是蛋白质和碳水化合物，而是一种无机物——亚铁氰化铜 $Cu_2[Fe(CN)_6]$，它虽然是一种无生命的东西，但是形态却和真的细胞一样。

　　实验材料和用具：亚铁氰化钾晶体、硫酸铜溶液。

　　实验步骤：在一只培养皿内盛3%硫酸铜溶液至半满，再把亚铁氰化钾 $K_4[Fe(CN)_6]$ 的小晶体（小米粒大小）投入到硫酸铜溶液中。不久，就在亚铁氰化钾晶体与硫酸铜溶液接触的地方，生成了囊状的亚铁氰化铜薄膜：

$$K_4[Fe(CN)_6]+2CuSO_4=Cu_2[Fe(CN)_6]\downarrow+2K_2SO_4$$

　　这层薄膜把亚铁氰化钾晶体包了起来。在这个人工的半透膜中，亚铁氰化铜的薄膜具有很好的半透性即水分子能够自由地透过亚铁氰化铜薄膜，但

K^+、Fe^{2+}、Cu^{2+}、CN^- 和 SO_4^{2-} 离子则不能通过薄膜。这样硫酸铜溶液内的水分子不断进入囊状薄膜内，使膜内产生了很大的渗透压力，压力增大到一定程度，这层薄膜就被胀破，于是亚铁氰化钾溶液就从膜内钻出来，它遇到硫酸铜溶液，又会发生反应，生成一层新的囊状亚铁氰化铜薄膜。这样，老的薄膜不断破裂，新的薄膜不断产生，使人造细胞不断长大。最后在培养皿内生成了一个个褐色的半透明的人造细胞膜，飘浮在溶液中，犹如在显微镜下看到的一个个活细胞。

二、混浊的液体

如果砂糖在水里溶解，水仍然是透明的。但是如果淀粉同水混合，淀粉就不会溶解，水会变成混浊的。淀粉在水里面不能像砂糖一样分解为单个的分子，只能分解成微小的颗粒。这些颗粒虽然小得肉眼看不见，但还是要比分子大得多。利用灯光做这个实验，就可以证明淀粉在水里面是确实不能溶解的。

实验材料和用具：淀粉、马粪纸。

实验步骤：

往小锅里倒上半杯水。把淀粉放上一茶匙，一边放在慢火上加热，一边用匙子搅拌。等水一开，淀粉就慢慢变成糊状了。

混浊的液体

把这种浆糊样的东西倒几滴在一杯清水里面，淀粉好像没有了。但是实际上淀粉并没有溶解掉，只要继续实验就明白了。

在一张马粪纸上开一个小洞，把这张纸放在一盏很亮的灯和这杯淀粉之间，淀粉微粒一接触到灯光，就把光向四周反射出来。这就是你能看见透过这杯水的光线的原因。

如果你用一杯溶解了砂糖的水做同样的实验，这一回光线会直接通过糖水，使你几乎看不见有光通过。这是因为单个的糖分子太小了，不能够接收也不能够反射光。

三、5 + 5 = 10 吗

在我们的生活中，5 加 5 大于 10 和 5 加 5 小于 10 的事都存在，可以做个

实验来验证一下。

实验材料和用具：96％的酒精、汽油、橡皮筋。

实验步骤：

1. 取一支干净的试管，注入5毫升浓度为96％的酒精。

2. 再使试管倾斜，慢慢地加入5毫升汽油。然后把试管直立起来。在试管外壁液面处，用一个小橡皮筋作个记号。

3. 用力振荡试管，使酒精和汽油充分混合。

4. 静止后，液面便高出了原来所作的记号，体积增大了。5毫升加5毫升比10毫升多了。

是不是两种互相溶解的液体，混合以后体积都比原来大呢？不是。酒精和水混合，体积就缩小，也有体积不变的。

两种互溶的液体混合后体积能发生变化，这是什么道理呢？

对于这个比较复杂的问题，这里只能作个简单的解释：各种物质在液体状态时，它们的分子或原子之间都有一种相互作用的力。像水、酒精、汽油等物质，在液态时，它们的分子，能在分子之间的力的作用下，三三两两地结合起来，成为分子集团，叫缔合分子。当把两种液体混合后，液体的分子之间也会产生一种力，有的能使形成缔合分子的力受到破坏，缔合分子变成了单个的分子，这些单个分子所占据的空间就要比缔合分子大，所以液体体积就增大了。汽油和酒精混合后发生的现象，就是这个道理。有的能使两种液体的分子（包括缔合分子）缔合成新的、更大的缔合分子，这些新的大缔合分子占据的空间就比原来小了，混合后液体的体积也就缩小了，酒精和水混合后就是这样。

四、测定种子的成活率

利用前面实验已知的细胞膜的选择半渗透特性，来测种子的成活率，可以快速地了解种子的质量优劣。

实验材料和用具：红墨水、冷开水或自来水。

实验步骤：

1. 取5毫升红墨水，用95毫升的冷开水或自来水稀释，就配制成了5％的染色液。配制多少染色液要看种子多少来决定，配好随即使用。

2. 取50粒玉米种子，浸泡在30℃左右的温水里，大约泡三四个小时。

3. 种子充分膨胀以后，用刀片把每粒种子纵切成两半。再把它们全部浸没在盛有红墨水染色液的碗里，半小时以后，把红墨水染色液倒掉，再用自来水反复冲洗种子，一直到冲洗后的水不带红色为止。

4. 把洗净的种子平铺在白纸上，仔细地察看每一粒种子的胚和胚乳的着色情况。

如果种子的胚，特别是胚根部分，已经全部被染成红色，而且和胚乳的着色程度相近，这样的种子肯定是丧失发芽能力的死种子。如果种子的胚出现斑斑点点的红色，说明种子的部分组织已经死亡，是生命力较弱的种子。如果种子的胚和胚乳完全没有着色，或者略带浅红色，这些种子就是生命力较强的活种子。用这种方法就可以快速地测算出种子的发芽率。

为什么用红墨水染色就能知道种子的死活呢？这是由于种子活细胞的原生质膜是一种半透膜，这种半透膜不能透过红墨水的微小颗粒，所以活种子的胚就不会被染色。死种子细胞的原生质膜丧失了半透性，红墨水的颗粒就可以自由地进入细胞，胚和其他部位就很容易被染上红色。

五、细胞的渗透性

前面的实验告诉我们，细胞膜具有选择透过性。那么细胞在任何情况下都有渗透性吗？下面这个实验告诉你答案。

实验材料和用具：马铃薯、白糖、烧杯、电炉子、刀、盘子。

实验步骤：

1. 取两个大小基本相同的马铃薯，将其中的一个放在烧杯里置于电炉子上煮20分钟，算是把它"杀死"。

2. 把两个马铃薯的两头用刀削平并掏一个凹口，然后将它们下半部的外皮整个削去。

3. 每个马铃薯的凹口处放一勺白糖。

4. 大盘子中装上水，将两个马铃薯放在盘中24小时。

观察结果，可以看到生马铃薯的凹口处充满了水和糖而熟马铃薯中的白糖没有任何明显变化。

这就是植物的活细胞的吸水性，称做"渗透性"。因此，如果我们煮熟马铃薯，"杀死"了细胞，就不会出现渗透现象了。

六、培养青霉菌

把新鲜的橘子皮（如果是干橘子皮，先用水泡软，晾至半干）放在20℃～25℃的地方，最好是阴暗潮湿的地方。三五天后，你就可以发现橘子皮的内表面上长出许多小绒毛，这就是霉菌菌丝体。开始看到的是白色菌丝，过两天，这些白色菌丝的尖端变成了青绿色，这就是青霉菌，青绿色的粉末就是青霉菌的孢子。随着时间的延长，菌丝和孢子越来越多，整个橘子皮的内表面都长满了青霉菌。

有时候，你还可以在橘子皮上看到红色、黄色、粉色或黑色等不同颜色的斑点。这是因为感染了其他霉菌的缘故。如果你要培养比较纯的青霉菌，就把第一次培养的橘子皮上的青霉菌，用一根牙签（或火柴棍）把它刮下来，抹到另一个新鲜的橘子皮上，进行第二次培养。这样经过两三次的纯化培养以后，橘子皮上长出来的就基本上都是青霉菌了。

微生物学工作者培养霉菌，常用液体培养基。什么是培养基呢？简单说，就是用人工配制的适合微生物营养要求的混合物质。这个混合物质一般包括碳水化合物、含氮物质、矿物盐类和水等。现在，也顺便介绍一下液体培养基的配制方法：

把马铃薯削去皮，切成小碎块，称出 200 克放在 1000 毫升水里，再煮半小时（煮开后用小火）。然后，用纱布把汤滤出来，再加进一些冷开水，使汤还是 1000 毫升。最后在这 1000 毫升的马铃薯汤里加入 20 克白糖，这就做成了培养基。你可以用这个培养基进行青霉菌的培养实验。

七、发面实验

实验材料和用具：面粉、鲜酵母、试管。

实验步骤：

1. 称出面粉 10 克，放在一个小碗里，加一些水和成面团。

2. 把面团平均分成两份。一份拌进适量的鲜酵母（也可用面肥，里面含有酵母菌）。再把这两团面再平均分成两分，最后分成四个面团（两个有酵母菌，两个没有酵母菌）。

3. 找来四支试管，把四个面团都搓成比试管细、长短几乎相等的长条。

4. 把四个长条分别装进试管，用玻璃棒推到管底，再把长条的上端按平。

5. 用四层纱布把试管口包上。

6. 用色笔在试管外壁划个记号，标出面团的长度，再用直尺量出面团的长度，记下来。

7. 把加酵母的一支试管和没有加酵母的一支试管放在冷处，记下这里的温度。剩下的两支放在 25℃～30℃ 的地方，也记下温度。每隔 15 分钟观察测量一次。

15 分钟以后，你就可以看到：放在热处的，加了酵母的那支试管里面的面团开始伸长。而没加酵母的试管里的面团却没有变化。

面团为什么会伸长呢？这是因为酵母菌在里面得到了充分的营养，在合适的温度和湿度下，迅速地繁殖、生长。酵母菌在生长繁殖过程中，会产生大量的二氧化碳气体，因此使得面团体积增大，但是试管的粗细是固定的，面团只好向上伸长了。伸长的长度可间接地表示酵母菌生长繁殖的快慢。

八、观察淀粉粒的实验

淀粉粒存在于有贮藏机能的细胞的细胞质中，它不是细胞本身的固有结构，而是细胞内含物。其实，大多数人都吃过的藕粉以及做菜和做饭用的粉芡，就是从植物细胞中提取出来的淀粉。

淀粉离我们这么近，你知道它的样子吗？一起来做下面这个实验，看看这小东西究竟是个什么样子。

实验材料和用具：红薯、马铃薯、莲藕、小麦、大米、小刀、显微镜。

实验步骤：

1. 准备一块红薯块根，一块马铃薯（土豆）块茎，一段藕（莲的根状茎），几粒泡软的小麦和大米。

2. 用洗净的小刀将上述材料一一切开，并刮（或挤压）其切面，弄破细胞，其中的淀粉粒则破壁而出。

3. 将刮出的汁液分别涂在写有编号的载玻片上，加盖玻片，依次放在显微镜下观察（先用低倍镜，后用高倍镜），就可见到它们的真面目了（不同植物的淀粉粒的形状和小大均有差异）。

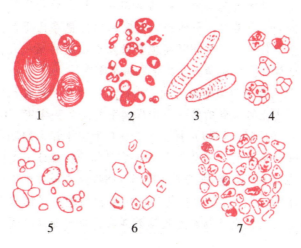

淀粉粒

为了看得更清楚，可用碘酒染色，然后再观察，这时看到的淀粉粒为蓝色，其形象非常清晰，呈粒状，所以称之为淀粉粒。

知识点

细　胞

　　细胞是生命活动的基本单位。已知除病毒之外的所有生物均由细胞所组成，但病毒生命活动也必须在细胞中才能体现。一般来说，细菌等绝大部分微生物以及原生动物由一个细胞组成，即单细胞生物；高等植物与高等动物则是多细胞生物。细胞可分为两类：原核细胞、真核细胞。研究细胞的学科称为细胞生物学。世界上现存最大的细胞为鸵鸟的卵子。

延伸阅读

细胞的发现

　　细胞是由英国科学家罗伯特·虎克（1635～1703）于1665年发现的。当时他用自制的光学显微镜观察软木塞的薄切片，放大后发现一格一格的小空间，就以英文的 cell 命名之，虽然当时观察到的细胞早已死亡，仅能看到残存的植物细胞壁，但一般而言还是将他当做发现细胞的第一人。而事实上真正首先发现活细胞的，还是荷兰生物学家雷文霍克。

　　1674年，列文霍克以自制的镜片，由雨水、乃至于他自己的口中发现微生物，他也是历史上可找到的第一个发现细菌的业余科学家。1809年，法国生物学家拉马克（1744～1829）提出："所有生物体都由细胞所组成，细胞里面都含有一些会流动的'液体'。"却没有具体的观察证据支持这个说法。

　　1824年，法国植物学家杜托息（1776～1847）在论文中提出"细胞确实是生物体的基本构造"。又因为植物细胞比动物细胞多了细胞壁，因此在观察技术还不成熟的时候比动物细胞更容易观察，也因此这个说法先被植物学者接受。

　　19世纪中期，德国动物学家许旺（1810～1882年）进一步发现动物细胞里有细胞核，核的周围有液状物质，在外圈还有一层膜，他认为细胞的主要部分是细胞核而非外圈的细胞壁。同一时期，德国植物学家许莱登（1804～

1881 年）以植物为材料，研究结果获得与许旺相同的结论，他们都认为"动植物皆由细胞及细胞的衍生物所构成"，这就是细胞学说的基础。

在德国许旺和许莱登之后的十年，科学家陆续发现新的证据，证明细胞都是从原来就存在的细胞分裂而来的，而至 21 世纪初期的细胞学说大致上可以简述为以下三点：细胞为一切生物的构造单位、细胞为一切生物的生理单位、细胞由原已生存的细胞分裂而来。

关于有机化学的小实验

一、粉笔上的层析实验

大家知道，要分析一种混合物内有哪几种成分，并不是一件简单的事情。尤其是分析有机化合物的混合物（例如染料、抗菌素等），其中的各个成分的性质极为相近，分析一个样品往往要花很长的时间。后来，有了色层分析法，分析起来就简便多了。

色层分析法是在一种载体（通常是固体）上进行混合物分离和分析的方法。混合物（一般是液体）随展开液流经载体，就可以被分离成各种成分，而分析每一个纯成分，显然比分析混合物要简单得多，所以色层分析法可以提高分析的准确性和灵敏度。有时可以直接根据载体上出现的各种纯成分的颜色，来确定混合物中含有哪些物质。

进行色层分析需要有吸附剂（如氧化铝、氧化硅等），还要把吸附剂装在吸附柱上，操作比较复杂一些。这里介绍用粉笔来模拟色层分析法，既简便又有趣。

1. 蓝墨水中有几种染料

取一支粉笔，在距离粗的一头 1 厘米的地方点上一点蓝墨水（只要用细玻璃棒蘸上蓝墨水来点，不可用滴管滴，因为这样做会使蓝墨水的点太大），点完后，蓝墨水点的直径约为 1 毫米。

在培养皿内加酒精做展开液，液面高度保持在 0.5 厘米左右。然后把粉笔的大头朝下，竖立在酒精中，但酒精的液面不可与蓝墨水点接触。不久，酒精就在粉笔上慢慢上升，随着酒精向上扩散，蓝墨水也在粉笔上向上移动。最后，你可以看到粉笔上半部的墨水是蓝色的，粉笔下半部的墨水是紫色的。说明在蓝墨水中存在着两种染料，一种是紫色的，另一种是蓝色的。

2. 红墨水中有几种染料

再取一支粉笔，在粗的一头点上一点红墨水（位置和蓝墨水点相同），然后把它竖立在酒精中，红墨水也会随着酒精慢慢向上扩散。最后，你会看到，粉笔上半部的墨水是橙红色的，下半部的墨水是红色的，说明红墨水中也有两种染料。

3. 分离甲基橙和酚酞

在试管中加入 2 毫升浓氨水和 18 毫升蒸馏水，混匀。再加入 10 毫升丁醇，管口用橡皮塞塞严，充分摇动试管，然后将试管静置。等溶液分层后（上层是氨的丁醇溶液，下层是氨水），用滴管取出上层溶液放在培养皿内。将 0.5 毫升甲基橙指示剂和 0.5 毫升酚酞指示剂混合均匀。

取一支粉笔，在粗的一头点上一点混合指示剂（位置和实验 1 中相同），然后把粉笔竖立在培养皿内的氨的丁醇溶液中。不久，混合指示剂慢慢向上扩散。最后，粉笔的上半部是红色的，下半部是橙黄色的。为什么会发生这一变化呢？原来，酚酞和甲基橙在粉笔上的扩散速度是不同的，酚酞往上爬得快，甲基橙爬得慢。所以粉笔上半部是酚酞，它遇到氨水显红色，粉笔的下半部是甲基橙，遇到氨水显橙黄色。通过这样一个简单的实验，可以使我们初步了解到，在色层分析中是怎样把两种物质分开的。

4. 绿叶中的色素

取一些绿叶（可以用绿叶蔬菜，例如菠菜，或者用绿色树叶），放在研钵中捣碎。把绿叶的汁和碎末涂在粉笔下端距离粗的一头 1 厘米的地方（最好涂得多一点）。

将甲苯与酒精（200∶1）的混合溶液放在培养皿内，液面的高度保持在 0.5 厘米左右。然后，将粉笔粗的一头竖立在培养皿内的混合溶液中。不久，可以看到绿叶中的色素慢慢向上扩散。最后，粉笔上也出现了两种颜色，下边是绿色的，上边是黄色的，说明绿叶的色素中含有叶绿素和叶黄素。

通过以上四个在粉笔上进行的实验，希望你对色层分析法会有一些初步的了解。

二、硝酸纤维素的制取实验

硝酸纤维素这一名称你可能不熟悉，但它其实已经在我们身边很久了，比如大家玩的乒乓球、好多玩具、眼镜架，以至我们写字时垫在练习本下面的塑料板，都是硝酸纤维素做的。

其实，硝酸纤维素的制法很简单，下面的实验就向你说明。

实验材料和用具：脱脂棉、硝酸和硫酸。

实验步骤：

1. 在烧杯中加 20 毫升浓硝酸，再慢慢地加入 10 毫升浓硫酸（注意，不能反过来将浓硝酸加到浓硫酸中去，这样做，与把水加到浓硫酸中是一样的，容易发生危险）。把两种酸混合均匀后，冷至室温，将 1 克被剪得很碎的脱脂棉（医用脱脂棉即可）加到混合酸中，记下时间。用玻璃棒不断地搅拌溶液并捣碎脱脂棉，使其完全浸透酸溶液，促使反应充分进行。

2. 反应两分钟以后（注意，不要超过 3 分钟），用玻璃棒将硝酸纤维素从混合酸中取出，放在一只盛水的大玻璃瓶或烧杯中，不断地用自来水冲洗（洗时不要把硝酸纤维素也冲走）。

3. 大约冲洗 10 分钟以后，吸附在硝酸纤维素上的酸液已经被洗掉，就可以把硝酸纤维素取出来，放在滤纸上，尽可能地将它们摊成一薄层，让它们在空气中干燥。第二天就可以得到干燥的硝酸纤维素。

脱脂棉与硝酸和硫酸的混合物发生了什么反应呢？大家都知道，棉花是由植物性纤维组成的，而棉纤维则是由众多葡萄糖单元构成的纤维素分子组成的。每一个葡萄糖单元有三个羟基，它的分子式可用 $C_6H_7O_2(OH)_3$ 表示，所以，纤维分子可用 $[C_6H_7O_2(OH)_3]n$ 来表示。

当脱脂棉与浓硝酸和浓硫酸的混合溶液发生反应时，如果反应时间比较短，葡萄糖分子中的三个羟基只有两个被硝化，形成了纤维素的二硝酸酯，俗称硝酸纤维素：

$$[C_6H_7O_2(OH)_3]n + 2nHNO_3 \xrightarrow{\text{浓硫酸}} [C_6H_7O_2(OH)(ONO_2)_2]n + 2nH_2O$$

如果反应时间比较长，则葡萄糖分子中的第三个羟基能被硝化，但是一般来说，这一步比较困难一些。

$$[C_6H_7O_2(OH)_3]n + 3nHNO_3 \xrightarrow{\text{浓硫酸}} [C_6H_7O_2(OH)(ONO_2)_2]n + 3nH_2O$$

硝酸纤维素可以溶解在乙醚和乙醇的混合溶液（2 体积乙醚与 1 体积无水乙醇混合而成）中，所得的溶液称为火棉胶；棉纤维则不能溶解在乙醚和乙醇中。你自己可以配一点儿混合溶液，试试两者的溶解性。

三、一个简单的制氨方法

这是一个不用化学药品来制取氨的方法。

取少量刷子上的毛（也可以用头发），把它们剪碎加到试管中。把试管放在酒精灯火焰上加热，毛发会很快地分解，检验管内放出的气体，红色试纸就会变蓝，说明管内产生的气体具有碱性，它就是氨。

这个实验的原理是毛发中都含有蛋白质，而蛋白质则是由氨基酸组成的，氨基酸同时含有氨基（—NH$_2$）和羧基（—COOH），它加热后就会分解产生氨。

四、不化的"雪花"

看舞台剧时，有时舞台上纷纷扬扬地下起雪来，厚厚的一层雪，人走在上面把脚面都没了，但是它却不融化。这种不化的"雪花"原来是洁白的泡沫塑料做成的。下面就给你介绍一个制得泡沫塑料的小实验。

实验材料和用具：用聚苯乙烯做的白色旧牙刷柄或坏梳子。

实验步骤：

1. 把聚苯乙烯做的白色旧牙刷柄或坏梳子弄碎，称取 10 克放在一个 100 毫升的三角烧瓶中，再加入 8 毫升二氯甲烷（用甲苯或苯也可以，但量要稍多一些）做溶剂，用软木塞塞住瓶口，摇荡使碎牙刷柄（或碎梳子）溶解。

2. 加入 2~3 克研细的碳酸铵，作为发泡剂。再把这个混合液倒在平滑的玻璃板上，放在通风处让溶剂挥发（不能曝晒），直至溶质干硬为止。

3. 把它碾成小颗粒，放入一支硬质试管中，再把试管放在 95℃的水中加热几分钟，将试管取出用冷水急剧冷却，待塑料定型后，一块用来制做"雪花"的泡沫塑料的原料便告制成。

注意：由于溶剂的蒸气有毒性，所以在挥发溶剂时，一定要在通风良好的地方进行。

这一实验的反应原理与前一个实验相同，所不同的就是加入碳酸铵作为发泡剂，使聚合物出现大量的气孔。

泡沫塑料除了充当电影或戏剧中人造雪景道具外，它还有绝热隔音的作用；还是新型、优质的冬衣材料呢。

五、引蛇出洞

看到过蛇出洞的人想必是很少的。一般人遇见蛇总有几分惧怕，胆小的人更会心惊胆战，谁还敢专门等在洞口，去引蛇出洞呢！不过，我们倒可以让你看一看"蛇"是怎样从洞里钻出来的，并且保证这条"蛇"不会伤害你。

实验材料和用具：糖、重铬酸钾、硝酸钾。

实验步骤：

1. 把 7 克糖、7 克重铬酸钾和 3.5 克硝酸钾分别磨成很细的粉末（注意！

一定要分开磨），细心地把它们混合均匀，并用一张锡纸将混合物包成一个小包（包不宜太大，也不要把混合物包得太紧）。如果没有锡纸，则可以用聚乙烯塑料薄膜（即市售的薄膜食品袋）代替。

2. 然后将装好混合物的纸包（或薄膜包）放进一个用硬纸板卷成的纸筒内（筒要稍微大一些，使装混合物的纸包能在里面自由移动）。

3. 把纸筒放在水泥地上，将纸筒的一头点着，等到里面的锡纸包（或薄膜包）烧着后，你就会看到一条"蛇"慢慢地从洞内扭曲着爬出来。最后在地面上会躺着一条形象逼真的半尺长的死"蛇"。

要做好这条"蛇"，而且还要引"蛇"出洞，要注意三个关键问题：

引蛇出洞

1. 用锡纸（即锡箔）来包装混合物时，本实验的效果最好；如果用铝箔，则实验会失败。因为锡箔能够完全燃烧，使包内的混合物在反应以后钻到外面来；而铝箔不能燃烧，包内的混合物燃烧后仍被留在里面，不能形成一条长"蛇"。

过去，锡纸一直是包装香烟或某几种糖果（如巧克力）的材料，但是目前已经几乎都用铝箔代替。本实验恰恰只能用锡箔，而不能用铝箔，所以必须先鉴别一下包装纸的材料。一般来说，锡箔和铝箔在外观上是不好区别的，当你拿到这种包装纸以后，可以先剪下一小条，放在火上烧一下。如果它能够烧完，就是锡箔，可以用来做实验。如果它烧不着，则是铝箔，不能用。

同样，在用塑料薄膜包混合物时，也要鉴别一下。因为透明的塑料薄膜袋也有两种，一种是聚乙烯塑料薄膜袋，另外一种是聚氯乙烯塑料薄膜袋，它们在外观上也很相似。但是聚乙烯薄膜能在火焰中燃烧，当你把燃着的薄膜从火焰中拿开以后，它还能继续燃烧，直到烧完为止。而聚氯乙烯薄膜虽然也能在火焰中燃烧，但是一离开火焰，它就不能继续燃烧了。本实验中只能用聚乙烯薄膜来包混合物，而不能用聚氯乙稀。

2. 本实验所用的糖、重铬酸钾和硝酸钾固体必须研得比较细，使它们能够混合均匀，充分反应。

3. 锡纸包的混合物小包不宜太大，而且不要包得太紧，要稍微疏松一点儿。硬纸板卷成的纸筒不宜太长和太细，纸筒只要比锡纸包长出 1～2 厘米即可。将锡纸包装进纸筒里面后，小包应能在纸筒内自由移动，这样在混合物燃烧后，才能钻出筒外。如果纸筒太细，把小包压得太紧，"蛇"出洞就比较困难了。

六、不会流动的酒精

酒精是一种液体，这是不容怀疑的。既然是液体，它就会流动，那么，不会流动的酒精又是什么物质呢？它的外形又是怎样的呢？最好还是你亲手试验一下吧！

实验步骤：

1. 在一只烧杯中加入 90 毫升无水乙醇（如果找不到无水乙醇，可以用氧化钙固体将普通的乙醇脱水干燥，然后滤掉氧化钙，即可使用），然后将 10 毫升饱和醋酸钙溶液加到无水乙醇中（注意：不可搅拌），则乙醇立刻结冻。

这时将烧杯倒置过来，让杯口朝下，乙醇也不会从烧杯中流出。可以用小刀沿着烧杯的内壁将胶冻挖出，把它放在铁片上，用火点燃，它能像普通的液体酒精一样地燃烧。

2. 把 5 克无水氯化钙固体溶解在 20 毫升无水乙醇中，然后把这一溶液加到盛有 8 毫升 40% 氢氧化钠溶液的烧杯中（不要搅拌），也能得到一种白色的软块。用小刀刮出，放在铁片上，也能燃烧。

现在，你不再怀疑了吧，酒精的确是可以不流动的。其实，这就是人们俗称的固体酒精。因为普通的酒精都是液体，要用玻璃瓶包装，如果是在野外工作，携带和运输均感到不便。于是人们就想出了加醋酸钙的办法，做成了固体酒精，专为野外使用。

实际上，固体酒精不是晶体而是是一种胶体，但不是像氢氧化铁溶胶那样的胶体溶液，而是一种凝胶，和肉冻一样，比较柔软而富有弹性，但不会流动。

它的形成过程是，当我们把无水乙醇和饱和醋酸钙溶液混合以后，因为乙醇分子与水分子有强大的亲合力，所以乙醇就把饱和醋酸钙溶液中的水分子夺走，形成了水合酒精。饱和醋酸钙溶液则因失去了水，变成了一种特殊的胶体——凝胶（要知道，脱水也是制备胶体的一种方法）。醋酸钙溶液就从液相变成了固相，这种固相是一种具有立体网状结构的多孔物质，里面有许多孔隙，水合酒精钻到这些孔隙中，就再也流不出来了。

七、小蛋变大蛋

这个实验是用化学方法把小蛋变成大蛋，而且还可以再把大蛋变小蛋。

实验材料和用具：鲜鸡蛋、6mol/L盐酸。

实验步骤：

1. 把一个比较小的鸡蛋，放在一小碗6mol/L盐酸里，不时转动鸡蛋，让鸡蛋壳与盐酸充分作用。几分钟后，盐酸就会把鸡蛋壳都溶解掉，使鸡蛋变成一个很软的被一层薄膜包围起来的蛋白和蛋黄。鸡蛋壳的成分是碳酸钙，它在盐酸的作用下会全部溶解。

$$CaCO_3 + 2HCl = CaCl_2 + CO_2\uparrow + H_2O$$

2. 鸡蛋壳被溶解后，小心地将碗倾斜，慢慢地把碗里的盐酸倒在另一个瓶内（供做下一个实验用）。在碗内换进清水，再把水倒掉，这样反复几次，直到把鸡蛋表面的盐酸和碗里残存的盐酸都洗掉为止。清洗时一定要小心，不要把鸡蛋表面的薄膜弄破。

3. 在碗里倒满水，把这个柔软的鸡蛋泡在水中（注意，不要把蛋盖没），你会看到，鸡蛋在渐渐地肿胀。这个过程虽然很慢，不能在几分钟内立刻显示出效果，但是如果每隔一个小时观察一下，就会发现鸡蛋变大了一点儿。过了一天以后，你会看到这个比较小的鸡蛋变成了一个很大的鸡蛋。

小蛋为什么能变成大蛋呢？大家都知道，鸡蛋壳内的这层薄膜是细胞膜，凡属细胞膜都具有渗透作用，它们都是一种很容易让水透过的薄膜，但细胞液却不能透过这层薄膜跑出来。当我们把去掉了蛋壳的鸡蛋泡在清水中以后，水就会不断地透过这层薄膜而进到鸡蛋里面去，结果小蛋就变成大蛋了。

为了进一步证实这层蛋膜具有半透膜的性质，我们还可以把这个实验继续进行下去：

4. 把碗里的清水倒掉（要尽量倒光），然后在碗里倒满无水乙醇（用氧化钙固体将普通的乙醇脱水，滤掉氧化钙即可使用），把鸡蛋盖没。

5. 不久，你就可以看到，在鸡蛋薄膜的表面上产生很多小气泡，而且，这个大鸡蛋在慢慢地变小。经过一天一夜以后，你就会看到，这个鸡蛋又回复到原来的大小了。真想不到，鸡蛋体积的变化竟然也是一个可逆的过程。

大家知道，酒精分子和水分子之间有很大的亲合力，若把吸足了水的鸡蛋放进酒精里面，酒精就会把蛋内的水吸出来。你在鸡蛋薄膜的表面上所看到的小气泡就是水在不断地往蛋膜外渗透所产生的。最后，当酒精把鸡蛋内部多余的水吸出后，大蛋又变成小蛋了。

在做这个实验时，有一点需要注意，即所用的鸡蛋必须是新鲜的，尤其是不能用经石灰或水玻璃处理过的鸡蛋。因为处理过的蛋膜，已不起渗透膜的作用了。

八、潜水棉

拿一团新买的棉花放到水盆里，棉花会浮在水面上，并不下沉。下面介绍一个实验，把棉花放到水盆中，它很快就会潜到水底。

实验材料和用具：棉花、氢氧化钠晶体、烧杯。

实验步骤：

1. 取一只烧杯，放入一药勺氢氧化钠晶体，加半烧杯水，使氢氧化钠溶解。

2. 把一小团棉花放在制得的氢氧化钠溶液里煮沸。过一会儿，把棉花取出来，晾干。

3. 再把这块棉花放到水盆里，它很快就会沉到水底。

为什么氢氧化钠溶液煮过的棉花就不会浮在水面上呢？这是因为棉花是一种有机纤维，在纤维的表面上总是有一层油脂，这层油脂把纤维和水隔离开来，使水不能浸入纤维的组织中，所以没有用碱煮过的棉花，就浮在水面上。把棉花放在氢氧化钠溶液中煮沸，棉花纤维表面的油脂和氢氧化钠作用，生成了甘油和肥皂，使油质脱离了纤维的表面。这种用强碱去掉纤维上的油脂的方法叫脱脂。油脂被去掉后，水就很容易浸入纤维组织中，棉花就沉到水下去了。

医用棉花就是经过脱脂处理的，所以它能很快地吸收药液。

对纤维进行脱脂处理，是印染工业中很重要的环节，对一些纤维和毛织品染色时，必须首先脱去油脂。但对一些含蛋白质成分高的毛织品，一定不能使用强碱脱脂，因为那样会使蛋白质溶解，使毛料受到破坏。如对羊毛进行染色，必须用肥皂或碳酸钠等弱碱性物质脱脂。

毛细管的魔力

九、毛细管的魔力

实验材料和用具：硬纸板、罐头盒。

实验步骤：

1. 把包装盒、鞋盒等硬纸板剪成足够多的方形小片，把它们分别放入两个相同的空罐头盒里，使罐头盒内的纸片要高出罐头盒。

2. 请一个人站在上面，量一下鞋底距离罐头盒有多高，向罐内倒水。

当水逐渐渗进纸板的纤维里时，纸板就开始膨胀。不多久，你就会发现站在罐头盒上的人升高了好几厘米。这是水渗进多孔物质的毛细管后出现的强大力量。

知识点

渗 透

低浓度溶液中的水或其他溶液通过半透膜进入较高浓度溶液中，直到化学位平衡为止的现象，就是渗透。渗透是指水分子以及溶剂通过半透膜的扩散。

延伸阅读

海水的淡化利用

海水由于其含盐量非常高，而不能被直接使用，目前主要采用两种方法淡化海水，即蒸馏法和反渗透法。蒸馏法主要被用于特大型海水淡化处理上及热能丰富的地方。反渗透法适用面非常的广，且脱盐率很高，因此被广泛使用。反渗透法首先是将海水提取上来，进行初步处理，降低海水浊度，防止细菌、藻类等微生物的生长，然后用特种高压泵增压，使海水进入反渗透膜，由于海水含盐量高，因此海水反渗透膜必须具有高脱盐率、耐腐蚀、耐高压、抗污染等特点，经过反渗透膜处理后的海水，其含盐量大大降低，TDS 含量从 36 000 毫克/升降至 200 毫克/升左右。淡化后的水质甚至优于自来水，这样就可供工业、商业、居民及船舶、舰艇使用。

我国海水利用经过四十余年发展，技术基本成熟，并初步具备产业化发展条件。尤其是 2005 年《全国海水利用专项规划》的发布，为海水利用提供了良好的政策环境，海水淡化在蒸馏技术和反渗透技术方面都取得了长足的进步。目前，我国海水淡化水日产量约 5 万吨，海水循环冷却技术已达 10 万吨/时的示范规模。

NENG YANZHENG DE KEXUE

关于日用品制作的小实验

一、食盐变肥皂

在下面的这个实验中，把食盐（氯化钠）加入肥皂水里，会立刻析出固态肥皂来，就像是食盐变成了肥皂一样。

实验材料和用具：肥皂、食盐、试管。

实验步骤：

1. 取一支试管，注入 2～3 毫升清水，放入一块豌豆大的肥皂，用小火加热，使其溶解。

2. 冷却后，加入 10 毫升水，再加少许干燥的食盐，用力振荡。

3. 随着食盐的溶解，肥皂液开始变混浊，终于呈凝乳状的白色沉淀物析出来。食盐变成了"肥皂"，浮在透明的液体上面。将肥皂取出后就会发现肥皂更洁净了。

食盐变肥皂

其实，这块肥皂并不是食盐变的，而是溶解在水中的那块肥皂又重新析了出来。这主要是因为食盐的溶解度比钠皂（家用肥皂多为硬脂酸钠盐）溶解度大，溶液中钠离子增多了，钠皂的溶解度就逐渐降低，最后终于从溶液中析出，而食盐却仍然留在溶液中、化学上称此过程为盐析作用。浮在上面的沉淀物叫"核"，即纯肥皂。"盐析皂"之名即由此而来。

肥皂的种类很多，普通的肥皂叫钠皂。在钠皂中加入香料和染料就成为家庭用的香皂。

在肥皂生产中，可以用盐析法去掉杂质。用苛性钠水解时，所得的粗制凝结物内含甘油、碱及盐，为了除去这些杂质，就需要加足量的水，将粗制皂煮沸成糊状溶液，再加入食盐将其沉淀，如此重复数次，即可除去杂质，又能回收甘油。

二、烧糖的实验

糖是由碳、氧、氢三种元素组成的化合物。碳是黑色的固体物质，氧和氢都是肉眼看不见的气体。但是当这三种元素化合后便成为白色的有甜味的结晶——砂糖。

通过燃烧，糖的分子能够分解，但这个实验做起来有些特殊。

实验材料和用具：方糖、细铁丝。

实验步骤：

用一条细铁线将一块方糖绕住。细铁线同时充当把柄的作用。将方糖的一角用烛焰烧，它实际上并没有被烧着，只是熏黑了一些，甚至它开始溶化时，分子也还没有分解。这层黑色的东西是蜡烛烧上来的碳，并不是糖里的碳。

现在用一些香烟灰撒在方糖没有烧过的一角上，再把这一角放在烛焰的边上烧，一两秒钟后，方糖开始燃烧，冒起一个个气泡，发出蓝色的火焰，喷出一个个小烟圈。这时一滴滴黑色并带有光泽的东西熔下来，这些黑色的东西里面就含有糖分子分解时释放出来的碳原子。氢和氧的原子形成其他化合物后散到空气中跑掉了。

注意：别让熔下来的黑色东西烫着你的手，可顺手用碟子把它接住。

三、卫生球"再生"

实验材料和用具：卫生球、酒精、大试管、烧杯。

实验步骤：

1. 取一支大试管，注入10毫升酒精，用热水温热。然后往温热的酒精里加卫生球粉末，直到粉末不能再溶解为止。这个溶液叫"饱和溶液"。

2. 把试管放在盛有热水的烧杯中，并且用温度计测量此水温，如果水温始终保持不变（加热使其保持恒温），就可以进行实验。

3. 另取一个卫生球，将其去掉火柴头大的一块，用线系好，悬入已经制好的饱和深液里。

4. 过一段时间取出卫生球。这样，原先去掉的部分就会自动地补上了。

为什么去掉的部分会"再生"出来呢？

这是因为固体物质放入溶剂中，溶解了的分子或离子，在溶液中不断地运动着，当它们和固体表面碰撞时，就有停留在表面上的可能，形成与溶解相反的过程——淀积过程。溶液的浓度越大淀积的作用越显著。固体在饱和溶液中，在单位时间内溶解到溶液里去的分子或离子数，和淀积到表面上的分子或离子数相等。因此，悬在饱和溶液中的卫生球，就处在不断的溶解和

淀积过程中，外形逐渐变得圆滑，卫生球去掉的部分就像是被补上了一样。

四、自制肥皂实验

实验材料和用具：猪油和烧碱（氢氧化钠）。

实验步骤：

1. 把20克猪油、7克氢氧化钠和50毫升水放在烧杯中，用酒精灯加热。一边加热，一边不时地搅拌，使猪油和氢氧化钠充分反应。由于反应比较慢，所以这一段反应时间比较长。在反应过程中，应该加几次水，以补足因蒸发而损失掉的水分。

2. 当你看到反应混合物的表面已经不再漂浮一层熔化状态的油脂（即没有作用完的猪油）时说明猪油和氢氧化钠已经基本上反应完全，就可以停止加热。然后趁热往烧杯中加入50毫升热的饱和食盐溶液，充分搅拌后，就可以放置冷却，使硬脂酸钠从混合物中析出。

3. 最后，将漂浮在溶液上层的硬脂酸钠固体取出，用水将吸附在固体表面的溶液（其中溶解了甘油、食盐和未作用完全的氢氧化钠）冲洗干净，将其干燥成型后，就做成了一块肥皂。

做好这一实验的关键有三点：

1. 猪油和氢氧化钠反应的时间一定要足够，千万不可性急，须等到混合物的表面看不见漂浮的油脂时，才能停止加热。如果反应不完全，会使肥皂中含有多余的油脂和氢氧化钠，这样肥皂的去污能力就要降低，并带有较大的碱性。

2. 反应过程中，不要忘了补足水。混合物中应始终保持50毫升左右的水。

3. 反应完了以后，混合物的体积仍应保持与反应前相近。硬脂酸钠析出后，混合物中还有一定的水量，使甘油、氯化钠和未作用完的氢氧化钠都留在水中。如果水太少了，这三种物质会混杂到肥皂中，影响它的质量。

人造雪景

五、人造雪景

实验材料和用具：卫生球、空铁罐、小树枝、小棍。

实验步骤：先把几个卫生球研成粉末，放在一个空铁罐里。找一根小树枝，捆在一个小棍上，倒挂在铁罐口，如上图所示。然后，把罐子放在火上徐徐加热，不一会儿就雪满枝头一片白了。

其是，卫生球是由萘做成的，萘有个特性，就是当它受热时可以从固体直接变为气体，冷却时又可以由气体直接变成固体。上面说的就是加热使萘气化为蒸气，在树枝上又凝固成粉末的过程。

六、自制农药实验

现在，不少人喜欢在自己的庭园里或者花盆里栽种花草树木，以美化环境。但是，有时候树上会长虫，把我们辛辛苦苦的劳动成果毁坏了。你不妨在家里自制一点农药来防治这种病虫害。制法简单、价钱便宜、又不需要特殊仪器的农药，要算钙硫合剂了。

下面介绍一个制作钙硫合剂的实验方法：

1. 在烧杯（或搪瓷杯等其他容器）中加 28 克生石灰（CaO），再慢慢加入 75 毫升水，混合均匀后即变成熟石灰。

2. 往烧杯中加 56 克研细的硫磺粉，用酒精灯加热煮沸一小时，反应过程中应不时搅拌，并补充因蒸发而损失掉的水分。因煮沸时会产生刺激性的气味，所以最好在室外制备钙硫合剂。

3. 反应完毕后，趁热过滤，得到的澄清的滤液就是钙硫合剂。把它贮存在玻璃瓶内，将瓶盖盖严，放在阴凉处，可以长期使用。

使用钙硫合剂时，用水冲稀 10 倍可以杀灭害虫，用水冲稀 40 倍时，可以用来杀死花草和树叶上的细菌，以喷雾法最好。

钙硫合剂又称石硫合剂，是一种橙色或褐色的液体，具有硫化氢气味，内含 10% ~ 30% 的多硫化钙（$CaS \cdot S_3$ 和 $CaS \cdot S_4$）和 5% 左右的硫代硫酸钙。

当钙硫合剂稀释液被喷洒在植物上后，由于空气中的二氧化碳气体的作用，很快地使多硫化钙（$CaS \cdot S_x$）分解而析出硫：

$$CaS \cdot S_x + CO_2 + H_2O = CaCO_3 + H_2S \uparrow + xS \downarrow$$

在植物上析出的是胶态硫，它的颗粒极细，直径约为 1 ~ 3 微米，它能牢固地吸附在植物表面，不会被雨水冲刷掉。

硫磺具有杀虫和杀菌作用，但是颗粒很粗的硫磺粉的杀虫效力很低。一般来说，硫的粒子愈细，杀虫和杀菌的效力愈高，这就是钙硫合剂最大的优点。

多硫化钙还能被空气中的氧所氧化，产生胶态硫：

$$2CaS \cdot Sx + 3O_2 = 2CaS_2O_3 + 2 (x - 1) S \downarrow$$

硫代硫酸钙（CaS_2O_3）在酸性条件下，也能生成胶态硫和二氧化硫，起杀虫作用：

$$CaS_2O_3 + 2H^+ = Ca^{2+} + SO_2\uparrow + S\downarrow + H_2O$$

所有这些作用都能使钙硫合剂成为一种有效的农药。

七、人造琥珀

你知道什么是琥珀吗？琥珀是树脂的化石。很久很久以前，从树上分泌的树脂往下滴落时，正好落在某一只活昆虫上，比如落在蚂蚁、瓢虫、苍蝇等小昆虫身上。经过漫长的岁月，就形成了一个珍贵的生物标本化石。这可是十分难得的化石，谁要是拥有一个，那可是太珍贵了。

我们采用一种简单的办法，也能自己动手制作一个生动逼真的人造琥珀。

实验材料和用具：小昆虫、空铁罐盒。

实验步骤：

1. 每人到外面去捉几只小昆虫，尽量找又漂亮、又完整的昆虫，而且最好这些昆虫的个头别太大了。

2. 把捉来的昆虫放在一个空铁罐盒内，别让它逃走了。

3. 再找一块颜色金黄、质地纯净的松香，放在一只干净的小铁罐里慢慢加热。等到松香全部熔化以后停止加热，让熔化的松香稍微冷却一会儿，等松香不再冒青烟、并变得有些黏稠时，就可以把它对准铁罐里的小昆虫浇下去。黏稠的松香马上就会把小昆虫团团包裹住。

4. 等松香逐渐冷却、凝固以后，一个栩栩如生的生物标本就永远固定在人造琥珀里了。

八、自制甜米酒实验

实验材料和用具：米饭、酒曲、带盖的搪瓷盆或瓦盆。

实验步骤：

做米酒的第一步就是要蒸米饭。最好用糯米（北方叫江米），如果没有糯米，也可以用粳米或小黏米。把两斤米淘洗干净，用温水浸泡七八个小时，把泡软的米用清水漂洗几次（但不要用力搓）。然后捞出来，松散地铺在蒸锅的屉布上（就像蒸馒头一样），蒸半小时就熟了。这时候，把米饭放在一个干净的大盆里，用筷子把米饭挑松，凉凉。注意米饭不能结成团。如果太黏，可以适当洒点冷开水，再用筷子挑松。当米饭温度降到不烫手（即30℃左右）的时候，就可以拌酒曲了。

酒曲是利用微生物学的方法把根霉菌中糖化能力最强的挑出来单独培养，

再加上单独培养的酵母菌而制成的效力最强的纯种曲。副食品店里可以买到酒曲。买来的酒药，有的是装在小塑料袋中的粉末，有的是用大米压成的小块儿。如果是粉末，只要按说明使用就行了；如果是小块，需要放在面板上轻轻地压碎，再用擀面棍擀成粉末。

预留出1/4酒曲粉之后就可以拌酒曲了，把凉米饭从盆里移到事先准备好的一个干净的带盖的搪瓷盆或瓦盆里，铺一层米饭，撒一层酒曲粉，再铺一层米饭，再撒一层酒曲粉，直到将米饭拌完。接着用筷子把米饭压实一点，并在饭盆中央用筷子捅一个小坑。

然后，用一杯温开水把预先留出来的1/4酒曲粉化开搅匀，一边搅拌一边均匀地泼在米饭表面。最后，把盆盖上盖儿，包裹起来放在温暖的地方进行发酵。发酵的关键是适宜的温度。制酒的工人有句谚语叫做"人盖被子酒盖被，人盖毯子酒盖毛巾"。也就是说，冬天人睡觉要盖棉被，做米酒的饭盆也要包上棉絮。放在温暖的地方，两三天以后，在饭盆外面就可以闻到一股酒香味，米饭就变成甜酒了。夏天做甜米酒，发酵时间会缩短。

另外，所使用的用具，包括蒸饭锅、屉布、饭盆、筷子、面板、茶杯等，都必须干净，不要残留有盐、碱、酸、油类等物质。这种甜米酒吃起来醇香可口、甜味极浓，有的地方叫醪糟，有的地方叫米酒，有的地方叫酒酿，因为它含有大量的葡萄糖、维生素，营养丰富，也是我国传统的营养食品。

九、制镜实验

做一面小小的镜子，要用到很多的化学知识，下面详细介绍玻璃镜的制作方法。

实验材料和用具：玻璃、银氨溶液、葡萄糖溶液。

实验步骤：

1. 准备工作

（1）清洗玻璃

取一块4厘米宽的方形平板玻璃（也可以用长方形的玻璃），用洗衣粉洗净后（洗到不沾油为止），再放在硝酸洗液（等体积的浓硝酸与饱和重铬酸钾溶液混匀后配成）中浸泡半小时，取出用自来水将玻璃清洗干净。

洗的时候，最好用镊子夹住玻璃，尽量使手少接触它，因为手上有油，会使玻璃沾上油脂，银就镀不上去了。洗干净的玻璃表面应能够被水沾上一层很薄的水膜，水膜中不应有小气泡。玻璃是否洗得干净，是能否做好镜子的关键之一。玻璃片晾干后，在一面涂上蜡。

（2）配制银氨溶液

在洗净的烧杯中加入 30 毫升 0.5M 硝酸银溶液，并用滴管慢慢地将浓氨水滴到硝酸银溶液中，开始时产生灰白色氢氧化银沉淀：

$$AgNO_3 + NH_3 \cdot H_2O = AgOH\downarrow + NH_4NO_3$$

氢氧化银沉淀不稳定，立即分解为氧化银沉淀：

$$2AgOH = Ag_2O\downarrow + H_2O$$

继续滴加浓氨水，氧化银就会溶解，生成银氨络合物：

$$Ag_2O + 4NH_3 \cdot H_2O = 2\left[Ag(NH_3)\right]_2OH + 3H_2O$$

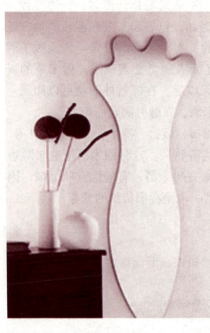

制镜实验

浓氨水只要滴加到使氧化银沉淀刚好溶解为止，千万不要加入过量的浓氨水，以免使溶液中的银离子浓度太低，影响镀银。

最后，往制得的透明的银氨溶液中滴加 0.5M 硝酸银溶液（注意，只加几滴就行），使溶液略带混浊即可。

（3）配制葡萄糖溶液

将 2 克葡萄糖溶解在 70 毫升水中，作为反应中的还原剂。

2. 制作银镜

将葡萄糖溶液加到银氨溶液中，混合均匀后，用镊子把玻璃片放进烧杯中，涂蜡的一面朝下，轻轻摇动烧杯。因为葡萄糖中含有醛基，具有还原性，能将 Ag^+ 还原为 Ag，使溶液逐渐变黑。

不久就可以看到玻璃表面已镀上一层光亮的银膜，而溶液则变成无色。这时就可以用镊子将玻璃取出，小心地用清水将玻璃片清洗一下，以除去残留的溶液，但不要破坏银膜。然后把玻璃片放置晾干，在银膜上涂上防锈漆或清漆。过 24 小时后，等到漆膜干透时，用小刀将另一面玻璃上的蜡刮掉，并用棉花球蘸上四氯化碳，擦净残留在玻璃上的蜡，即制成了一面很好的镜子。

3. 后处理

镀银后剩下的废液中还含有银氨络合物，它放久后会产生叠氮化银

（AgN）。这种化合物可能发生爆炸，所以实验后废液应及时处理。可在废液中加入溴化钾溶液或碘化钾溶液，把 Ag^+ 沉淀为溴化银或碘化银，再用锌粉还原，就可得到银的粉末。

知识点

食 盐

食盐，又称餐桌盐，是对人类生存最重要的物质之一，也是烹饪中最常用的调味品。盐的主要化学成分氯化钠在食盐中含量为99%，部分地区所出品的食盐加入氯化钾以降低氯化钠的含量从而降低高血压发生率。同时世界大部分地区的食盐都通过添加碘来预防碘缺乏病，添加了碘的食盐叫做碘盐。

纯净的氯化钠晶体是无色透明的立方晶体，由于杂质的存在使一般情况下的氯化钠为白色立方晶体或细小的晶体粉末，熔点801℃，沸点1442℃，密度为2.165克/立方厘米，味咸，含杂质时易潮解；溶于水或甘油，难溶于乙醇，不溶于盐酸，水溶液中性。

延伸阅读

百味之将的食盐

初期盐的制作，直接安炉灶架铁锅燃火煮。这种原始的煮盐费工时，耗燃料，产量少，盐价贵。于是，从盐一诞生起，王室就立有盐法。在周朝时，掌盐政之官叫"盐人"。《周礼·天官·盐人》记述盐人掌管盐政，管理各种用盐的事务。祭祀要用苦盐、散盐，待客要用形盐，大王的膳馐要用饴盐。汉武帝始设立盐法，实行官盐专卖，禁止私产私营。《史记·平准书》中记载，当时谁敢私自制盐，就施以把左脚趾割掉的刑罚。晋代时，私煮盐者百姓判四年刑，官吏判两年。立盐法后，市民食盐是有规定的。《管子》："凡食盐之数，一月丈夫五升少半，妇人三升少半，婴儿二升少半。"

秦汉时河东郡地在今山西运城、临汾一带。因黄河流经山西省西南境，山西却在黄河以东，故这块地方古代称为河东。古人从河东盐池中引水至旁边的耕地，每当仲夏时节，遇到刮大南风时，一天一夜耕地中就长满了盐花，当地人把这叫"种盐"，盐的品质非常好。

春秋战国时，有盐，国就富。《汉书》："吴煮东海之水为盐，以致富，国用饶足。"齐国管仲也设盐官专煮盐，以渔盐之利而兴国。中国第一个盐商是春秋时鲁人猗顿，旧有"陶朱、猗顿之富"之说，陶朱是指范蠡。范蠡助越王勾践灭吴后，因为认为越王为人不可共安乐，因此弃官到山东定陶县称"陶朱公"，经商致富。"十九年中三致千金，子孙经营繁息，遂至巨万。"猗顿则到春秋时的郇国。郇国汉属河东郡，今属山西。猗顿在郇国经营河东盐十年，亦成为豪富。

中国古人调味，先要用盐和梅，故《尚书》称："若作和羹，尔唯盐梅。"五味之中，咸为首，所以盐在调味品中也列为第一。今中国人食用之盐，沿海多用海盐，西北多用池盐，西南多用井盐。海盐中，淮盐为上；池盐中，乃河东盐居首；井盐中，自贡盐最好。

总之，盐作为调味品，不仅是人生理的需要，也是烹调过程中调味的需要。盐的性味功能决定了它无论于人体还是于调味都起着酸、苦、甘、辛任何其他"味"不可替代的作用，无愧为是"百味之将"。